生物学其实很简单

Biology Made Simple

[美] 丽塔·玛丽·金博士　著
斯科特·努尔昆　绘图
林东涛　译

上海图書館
上海科学技术文献出版社

图书在版编目（CIP）数据

生物学其实很简单 /（美）丽塔·玛丽·金著；林东涛译．—上海：上海科学技术文献出版社，2014.1
书名原文：Biology made simple
ISBN 978-7-5439-6016-9

Ⅰ．①生…　Ⅱ．①丽…②林…　Ⅲ．①生物学—普及读物　Ⅳ．①Q-49

中国版本图书馆 CIP 数据核字（2013）第 243681 号

图字：09-2012-456

责任编辑：张　军　林　朔
封面设计：樱　桃

生物学其实很简单
[美] 丽塔·玛丽·金　著　林东涛　译
出版发行：上海科学技术文献出版社
地　　址：上海市长乐路 746 号
邮政编码：200040
经　　销：全国新华书店
印　　刷：常熟市人民印刷厂
开　　本：787×1092　1/16
印　　张：10.5
字　　数：248 000
版　　次：2014 年 1 月第 1 版　2014 年 1 月第 1 次印刷
书　　号：ISBN 978-7-5439-6016-9
定　　价：30.00 元
http://www.sstlp.com

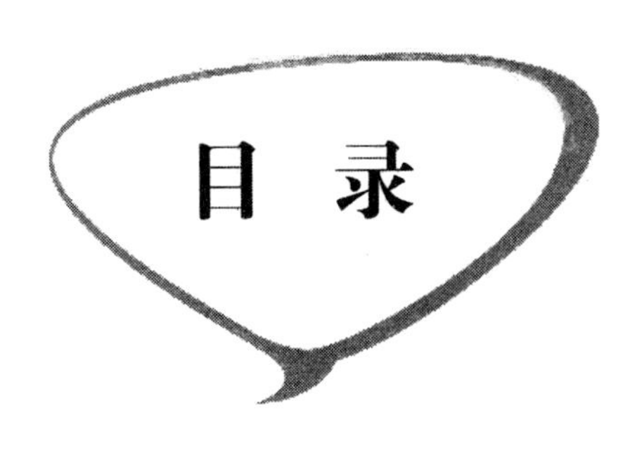
目 录

第一章 1

绪论：生物学的统一主题

关键词

生物学； 生物； 环境；
原子； 元素； 细胞

我们居住的星球最为显著的特点之一，是它充满了勃勃生机。不论从极地到赤道，从山麓到海洋，你都能遇见各类生物。本书将向你介绍**生物学**——一门研究生物及其特性的科学。

该如何定义“生物”呢？这个问题具有一定的争议性，但是生物学家已经确定了生物应当共同具备的一些特征。生物与以下不同方面的性质和过程密切相关：顺序性、生长和发育、生殖、能量利用、对环境作出反应、体内平衡、进化性适应。从最小的细菌到巨大的蓝鲸，生物都会以某种形式展现以上的性质和过程。

生物具备的特征

顺序性：生物由细胞构成。一个生物可以由单细胞构成，也可以由多个细胞复杂地组合而成。

生长和发育：生物增大尺寸和(或)增加细胞数量。

生殖：生物通过有性或者无性途径，产生同种的新生物体，从而延续遗传物质。

能量利用：生物通过新陈代谢，利用能量源(食物)以使自身功能正常运作。

对环境作出反应：生物对环境中的刺激作出反应。例如采取行动获得食物或者避开威胁。

体内平衡：生物寻求适合细胞运作的内部环境。

进化性适应：生物通过适应环境改变，来增强繁衍的能力。

或许你会感到惊奇：其实你和花园中的玫瑰，邻居家的金鱼，以及几周前对着你“哼哼”的臭虫有着很多共同之处。虽然生物的外表可能迥异，但是生物学上有很多统一的主题。在随后的章节中，我们将探索这些主题，但是首先我们要对这些主题做一下简单的介绍，以开启我们的旅程。

生命的等级顺序

古希腊哲学家德谟克利特(Democritus，公元前460—370年)提出，所有形式的物质都是由基础的、不可分割的粒子组成，他将这些粒子称为原子。他开了一个好头，但是直到2000年之后，科学家才研究出可行的模型。

德谟克利特或许会很吃惊，因为原子实际上是由更小的单位组成。为了了解生物体的组成顺序，让我们从亚原子级开始。亚原子级的主要粒子包括：质子、中子以及电子。原子构成了我们已知的所有物质。一些被称为元素的物质，就是完全由一种原子构成的(参见附录——元素周期表)。元素可以结合起来形成分子。不同的元素组合在一起,就能生成化合物。我们将在第二章进一步了解元素、分子和化合物。

就生物学而言,某些原子组合在一起形成复杂的生物分子,比如蛋白质。不同种类的生物分子形成细胞器,比如细胞核,而后这些细胞器按照一定的秩序组成细胞。细胞是生命最小的单位,但是细胞也仅仅只是开始。在多细胞生物中,共同完成特定功能的相似细胞形成组织。共同完成某项特定功能的组织形成器官,例如胃。器官系统是指共同完成某项特定功能的一系列器官,比如消化系统。而这些结合起来,就组成了单个的复杂生物,例如人。

生物学的组织层级范围远超过生物个体的局限。同种的生物集合成局部性的集体即为种群,不同的种群能集合为群落。生态系统就是群落之间相互作用的能量处理系统,其中也包括了无生命的环境因素,诸如水、空气、土壤。生物群落区是大规模的群落,按照主要的植被类型和特殊的动、植物组合类型划分。最后,生物群落区组成生物圈——这是生物在地球上赖以生存的地带。

组织的层级

生物圈: 地球上由岩土层、水以及大气构成的生物栖居的区域。

生态系统: 群落及其环境。

群落: 在同一区域生存的不同种类的种群。

种群: 在同一区域生存的同种类生物群体。

多细胞生物: 由细胞组成的组织、器官和器官系统构成的单个生物。

器官系统: 相互作用完成一项特定的功能的两个或者两个以上的器官。

器官: 由组织结合在一起完成某项或多项特定任务的单位。

组织: 组合在一起完成某项特定功能的细胞和物质。

细胞: 能够生存和繁殖的最小单位。

细胞器: 由保护膜包裹的细胞内区域。

分子: 由同种或者异种元素的两个及以上的原子构成的单位。

原子: 能够保持元素特性的最小元素单位。

亚原子粒子: 物质最基础的单位,诸如质子、中子、电子。

生物的细胞基础

在生物学的“名流纪念堂”中,细胞学说是超级巨星之一。这一学说起源于17世纪,继显微镜的问世之后出现。当时,罗伯特·胡克(Robert Hooke, 1635—1703)作为伦敦皇家学会实验管理员非常出名。之前,他研发出了性能优良的复合显微镜,并用以观察小的生物。胡克在一块软木薄片之中发现了像盒子一样的结构。这样的结构让他想起修道院的诸多房间,于是,他将其称为细胞(英文中房间和细胞均可用“cell”表示)。随后10年之内,皇家学会要求胡克审阅安东尼·范·列文虎克(Antonie van Leeuwenhoek)的著作。后者在观察池水中的微生物时发现了活动的细胞。

> 1665年,罗伯特·胡克出版了《显微制图》,公布了他的观察结果。他在书中用详细的图画勾勒出自己通过显微镜观察到的昆虫、植物、羽毛,当然还有著名的软木细胞。塞缪尔·佩皮斯(Samuel Pepys) 1684年时任英国皇家学会会长,称这本书是:“……我一生中所读过的最天才的书。”

1838年,马蒂亚斯·施莱登(Matthias Schleiden)提出,正如软木一样,所有的植物都是由细胞构成的。一年之后，泰奥多尔·许旺(Theodor Schwann)进一步发展了这一理论。他认为，细胞是所有生物的基础功能单位。细胞学说正式起源于1868年，病理学家鲁道夫·魏尔啸(Rudolf Virchow)结合了之前的观点，并进一步证明新细胞是由旧细胞分裂的结果。

> "即便我们发现，生命的生长和繁衍从最根本看来都是机械的，生命也永远是独特的。"
>
> 鲁道夫·魏尔啸，1855

细胞是能够完成生命所有活动的生物结构的最低层级。20世纪50年代发明的电子显微镜让我们能够测定细胞的超显微结构。所有的细胞都具有细胞膜，并且在发育过程中，含有脱氧核糖核酸(DNA)。按照结构分类，细胞可被分为原核细胞和真核细胞两类。

原核细胞是地球上首先出现的细胞。原始细菌和现在的细菌都属于原核细胞生物。它们的直径在0.1到10微米左右。原核细胞没有由膜包裹的细胞核，因此DNA未与剩余细胞物质分开。绝大多数原核生物的细胞外部都有坚硬的细胞壁。原核细胞既没有细胞骨架(将一个细胞聚合在一起并且赋予细胞形状的格状蛋白质网)也没有胞质流动(细胞质流从细胞一个区域流向另一区域)。新陈代谢可在有氧和无氧的环境中完成，这取决于细胞的类型和种类。其细胞分化由二分裂完成。

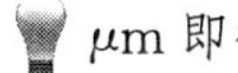

μm即微米，1/1 000 000 000米

真核细胞形成于15亿年前。单细胞生物、菌类、植物以及动物都是真核生物。这些细胞的直径大多在10微米以上。多数细胞的遗传物质储存于由膜包裹的细胞核之中，并且细胞器也是由膜包裹的。一些物种的细胞含有细胞壁，但是其化学结构与原核细胞的细胞壁有天壤之别。真核细胞具有细胞骨架和胞质流动。其新陈代谢往往为有氧型。细胞分裂为有丝分裂或者减数分裂(见第五章)。

原核细胞和真核细胞也具有一定的相似之处。所有细胞都是由质膜包裹而成，内含蛋白质以及DNA和RNA等核酸。这些物质共同作用，在细胞新陈代谢活动中引导能源的流动，而新陈代谢是由特殊的蛋白——酶控制的。

细胞质是细胞内凝胶状的液体。

DNA——遗传信息

DNA在21世纪几乎家喻户晓。它是研究的焦点、很多法庭案例的关键元素，甚至是悬疑电视剧中的主角。所有生物的DNA的基本化学构成都是一样的。DNA具有双螺旋结构(或称扭转梯状)，由糖、磷酸分子以及四种含氮碱基构成。四种含氮碱基为：腺嘌呤、鸟嘌呤、胞嘧啶以及胸腺嘧啶。磷酸和核脱氧核糖形成螺旋梯状结构的骨架，含氮碱基构成梯子的横档。含氮碱基的线性序列结构将信息编译到一个基因之中，即为DNA的一个特定长度。遗传是基于DNA的复制及随后DNA从母体传给后代的复杂机制。所有形式的生命实质上都在使用同一套遗传密码(见附录——遗传密码)。每一个核苷酸序列编译一种特定蛋白的合成，无论该序列所属的细胞和种类是什么。生命的差异源于其核苷酸序列的不同。

一个核苷酸是由一分子含氮碱基、一分子五碳糖以及一分子磷酸构成。在螺旋楼梯状的DNA中，每个核苷酸正如半个楼梯横档。

结构和功能

所有层级的生物组织的结构都与其功能相联系。多细胞组织的典型功能包括：结构支持、感官处理以及运动。所有这些特定的功能都需要优化了的独特结构来完成。人类的小肠就是一个极佳的例子。小肠是消化吸收营养的主要场所，其结构能提供最大的表面积以完成以上功能。长达6米的小肠盘曲为圈状。内层表面分布有精细的突起，即小肠绒毛，而小肠绒毛上又附属有细小的微绒毛。

另一能说明结构和功能之间联系的例子，则是植物叶面的结构，特别是生存在干旱环境中的植物。绝大多数多汁的植物的叶子都有适合储存水分的结构。

生物之间的相互作用

你是否曾有过这样的冲动，想要逃离，然后独自生活？从技术层面来讲，这是不可能的，因为你总是要和这种或那种生物接触。生物通常生活在开放的系统之中，与其他生物和环境相互作用。比如食物网。植物和某些细菌以及单细胞生物生产出食物，其他生物消耗这些食物，从而构成食物网的基础。这些食物网描绘出能量的流动，从太阳到植物及其他能进行光合作用的生物，最后到复杂的多细胞捕食型动物。这些食物网依次融入生态系统之中，惠及成千上万的物种内数以百万计的生物。

多样性中的统一

地球上生物的共性展现于其所具有的同样的基因密码、细胞结构的相似性以及很多不同物种完全相同的新陈代谢路径。除开这些共同性，生物也具有丰富多彩的多样性，正如现已命名和确定的1 500万种生物所展现的那样。然而，到底有多少物种仍是未知，可能还有数以百万计的多种生物，其具有无限变化的可能。科学家通过“二名法”来对生物进行归类。这种采用两个名字的命名体系是由卡尔·林奈(Carolus Linnaeus)在18世纪创造的。科学家由粗到细，将生物划归为界、门、纲、目、科、属、种。

进化——生物的核心主题

进化是生物核心统一的主题。环境的改变直接带来生物的进化和物种的更替。1859年，查尔斯·达尔文(Charles Darwin)写就《物种起源》(全名《论借助自然选择方法的物种起源》)。这本颇具争议的书竟然在出版的第一天就售罄！达尔文认为，自然选择是进化型改变的机制。20世纪遗传学家西奥多修斯·杜布赞斯基(Theodosius Dobzhansky)称，如果没有进化，生物学上的任何东西都没有意义。人们普遍认为，地球上的生命起源于原核细胞。本书将在第八章详细研究达尔文的精妙理论。

科学的步骤

只要人们还会惊奇为何万物如其所是，就会诞生出新的观点来解释周围的世界。很多观点已被证实为太过牵强，但是我们今天所知的一切正是前人的好奇心和想象力的结果。所以，我们如何才能甄别牵强的观点和真理之间的区别呢？简而言之，我们可以使用科学的方法，运用常识和逻辑。

科学取决于观察得来的事实。使用科学的步骤，研究人员可以首先提问并形成不确定的答案，或者假设；随后通过实验和新的观察检验假设；进而，新的循环过程重新开始：新的观察，新的假设，更多的实验。通过这样的循环验证，即科学方法，研究人员渐渐肯定地揭开难题的神秘面纱，找到我们是谁以及生命如何运作的答案。

科学方法

观察：研究员进行观测，研究以前的数据，同时详细说明问题。

假设：研究员起草一个甚至更多可检验的陈述。

实验：研究员设计并进行对照试验，并进行更深入的观察。

结论：研究员分析结果。验证或推翻假设。

然而，科学家不会去寻找绝对的证据。科学家可以排除假设，但是即便有绝对肯定的事实，也不能确定假设的成立。请看下面实际活动中科学方法的例子：

观察：番茄植株正在死亡，叶面斑驳，典型的传染病毒病

假设：病毒 X 正在杀死番茄植株

实验：a）使用电子显微镜核实病毒 X 的存在

b）将病毒 X 注入健康的番茄植株之中，观察是否出现斑驳的叶面以及植株死亡

结果：将能验证或者推翻假设

实验一般需要对照组来和实验组进行对比。

小结

- 生命是由不同的层级构成的——原子、细胞、组织以及组织以上的层级。
- 无论在何种等级的生物之中，整体总是比局部的集合更大。
- 生物的每个部分都有精细的结构，而这样的结构决定了它们的功能。
- DNA 的双螺旋结构是生物的统一的化学结构，其线性序列决定了生物的多样性。
- 进化是物种的自我修正，是生物的核心主题。
- 科学方法是找出自然现象背后自然原因的步骤。生物学家按照这样的步骤不懈探索，学习更多关于生物学的知识。

第二章 2 生物学家需要知道的化学知识

关键词

物质；化合物；化学键；
有机；碳水化合物；蛋白质；
脂质；核酸

想象一下，你在某个夏末的夜晚，在营地篝火上烘烤果汁软糖。萤火虫在附近闪烁。你是否发现自己在思考那些点燃萤火虫灯盏、将木柴变为灰烬以及使果汁软糖变得黏着的化学反应？别太过操心，其实这些过程并非异乎寻常。检视生物学家的内心，你将会为化学找到一方柔软的角落。生物都是由丰富的有机化学物质组成的，同时，从消化到生殖，自然界中无时无刻都在发生着化学反应。要明白这些过程，我们需要游历原子的世界。

原子结构

物质是任何占据空间并具有质量的东西。质量是指某种物体所含的物质的量。假设你有一个气球以及与气球同等大小的保龄球。如果你把两个球都砸到脚上，疼痛感将明确地告诉你哪一个质量更大。这个例子也可以引出另一个观点：重量是衡量物体受到引力作用的力的大小。物体的质量越大，重量也就越大。

无论固体、液体还是气体，所有的物质都是由原子构成的，并且所有的原子都具有相同的基本结构。以氦原子为例（见图 2.1）：

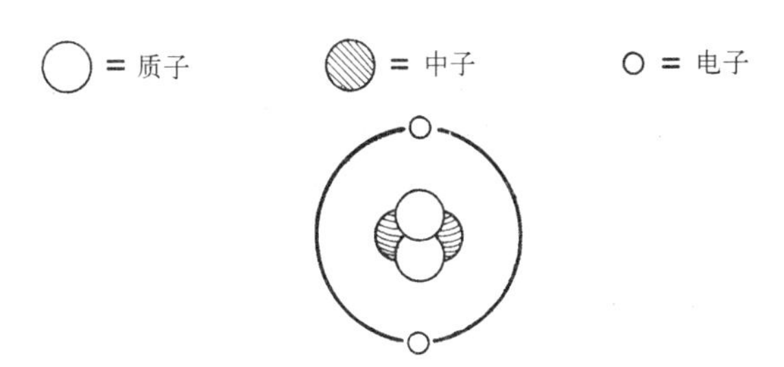

图 2.1　氦原子示意图

原子的核心由中子构成，其中有带有正电的粒子：质子。如果原子核含有中子（即中性不带电的粒子），中子也位于原子核中，通常按照 1∶1 的比例与质子共同存在。氦原子有 2 个质子和 2 个中子。每个质子和每个中子的原子质量是 1 道尔顿。

> 道尔顿这个度量单位是以约翰·道尔顿（John Dalton，1766—1844）的姓氏命名的。道尔顿是英国的化学家，测量了某些原子的质量。他认为每种元素都是由这种元素的原子构成，而不同元素的原子质量和性质都有差异。他在 1803 年出版的《化学哲学新体系》中阐明了自己的观点。

围绕着原子核做高速旋转的微小负电荷粒子就是电子。它的旋转不像绕太阳公转的行星，没有固定的轨道。电子围绕原子核占据的空间称为电子壳层，或者能级。多层电子壳层从内到外随着半径增加。每一层电子壳层只能承载一定数量的电子。比如最内的电子壳层只能有 2

个电子,第二层能有8个电子,第三层能有18个电子。每一层电子壳层由一个或者多个轨道、区域组成,其中含有一个或者两个电子。

原子含有等量带正电的质子和带负电的电子,所以表现为不带电。如果原子得到或者失去一个电子,则变为带电的粒子——离子。离子所带的电荷由其失去或者得到的电子数目决定。

亚原子粒子

名称	符号	电荷量
中子	n	0
质子	p	+1
电子	e	−1

元素和化合物

元素是由一种原子构成的物质。元素不能分解为更简单的物质。目前,科学家已经确定了113种元素(见附录二化学元素周期表)。还有很多的元素有待发现。不可否认的是,原子序数大于92的元素很难在实验室以外的地方发现。

元素周期表简洁地展现了紧凑的信息。1869年,它由俄罗斯科学家德米特里·门捷列夫(Dimitri Mendeleev)创造。阅读元素周期表的方法如下:选择一种元素,比如以氦为例,从元素所在方格顶端左上角的数字2开始,该数字是元素的原子序数,指示了原子核中质子的数目。每一种元素都由一种化学符号(氦He)表示,类似速记的符号。再来看氦元素所在方格下方的数字是4.00,这表示氦元素的原子质量(即所有形式的氦元素的平均质量)。原子质量是质子和中子质量的总和。

就本质而言,由于所有的元素都可能得到或者失去中子,所以元素都有不止一种原子形式,即同位素。同位素的化学性质基本相同,但是原子质量相异。

如果同位素的中子自发性衰变,释放出粒子和能量,这种同位素就具有放射性。如果衰变导致质子的数量发生改变,则形成了另一种元素的原子。几十年来,放射性同位素一直应用于科学研究中,也作为医学上的诊断工具。

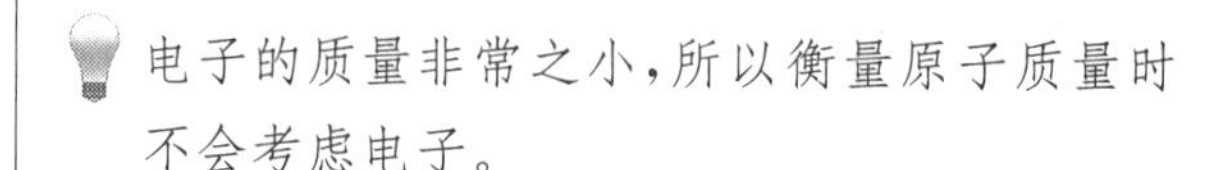
电子的质量非常之小,所以衡量原子质量时不会考虑电子。

多数的元素属于固体,而多数的固体元素属于金属。碳、氧、氢以及氮元素组成了生命物质96%的化学成分。当元素组合在一起按照固定的比例构成两种或者多种不同元素组成的物质,就形成了化合物。化合物相较于构成它的元素具有不同的物理和化学属性。

化学键

异性相吸的古老说法在原子层级上也同样如此。带电的粒子随时可以形成小的集合。两种或两种以上不同的元素通过化学键结合为化合物。

原子的化学属性绝大多数取决于其最外层电子壳层的电子数——价电子。原子外层电子壳层完整时,原子处于稳定状态。为了达到稳定,原子需要共享、获得或者失去一个电子。至少分享一对电子被称为共价键。形成共价键的原子最后具有完整的最外层价电子壳层,键能很强。形成的化学键可以是单键、双键甚至三键,这取决于共享的电子对是多少。原子之间共享的电子对越多,结合得越稳定。

原子的外层电子壳层如若填满，则不易发生反应，呈现惰性。这类元素位于元素周期表的最右列，名为稀有气体或贵族气体。

共价化合物在室温中呈现液态或者气态。在基本状态下，氢、氮、氧以及卤素（贵族气体的左边一列元素）常常由共价键配对，形成双原子化合物。二氧化碳、水、沼气以及葡萄糖中都有共价键，而化合物对于生物非常的重要。

共价键容易在受到电子相似吸引的非金属原子之间形成。

由于带负电荷的原子会将共价键中的电子吸引得离自身原子核更近，这会让由化学键结合在一起的原子对中的一个原子更“自私”一些。它会比另一个原子更趋向于抓牢共享的电子。这使得这个原子显出轻微的负电荷，或极性。如果电子没有得到平均共享，则会呈现极性共价键（见图 2.2）。氧元素就是最常被提及的负电荷元素。所以，它常常形成极性共价键。这样的化学键可以在水分子中看到。

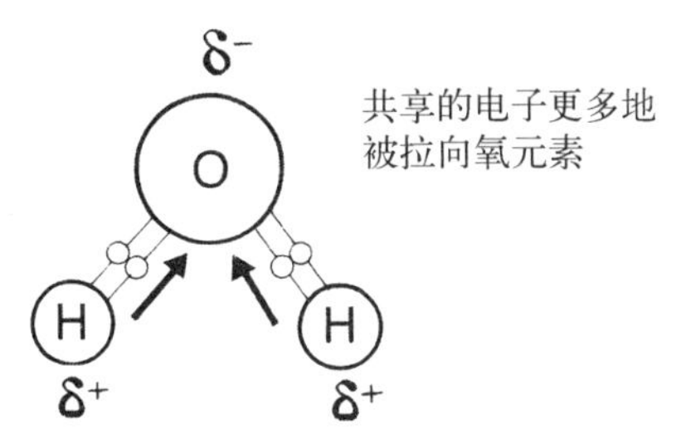

水分子之间形成氢键

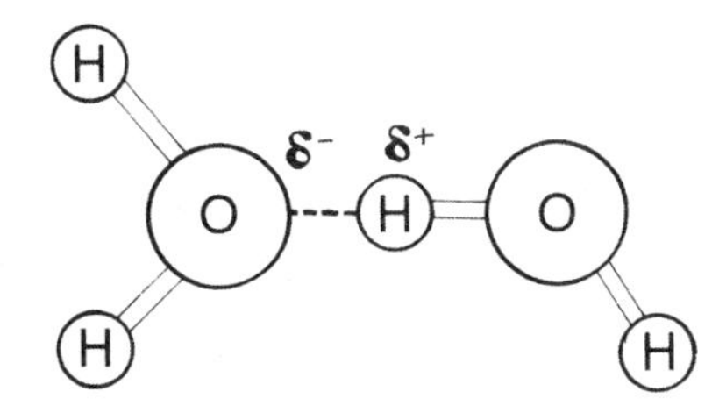

图 2.2　水的独特结构

范德华力是以物理学家范德华（J. D. van der Waals）命名的，意指分子间或者分子内官能团之间由于内部电荷波动带来的微弱的吸引力。这些相互作用力在蛋白质的结构中非常重要。即使是微弱的化学键也能有重要的影响。DNA 的核苷酸就是靠着看似微弱的氢键连接在一起的。

盐就是离子键的典型例子。在离子键中，电子由一个原子转移到另一个原子中。钠原子最外层只有一个电子，而氯原子最外层则缺少一个电子才达到饱和。当钠的电子转移到氯之中，两个原子的最外层电子层都达到了饱和。失去电子的钠原子变成了带正电的粒子，而得到电子的氯原子则成为带负电的粒子。根据“异性相吸”的原则，由离子键组合的这两个原子形成了氯化钠（普通食盐）。

离子键很容易在水中断裂。

水的化学性质

水分子具有独特的化学和物理特性，大为裨益地球万物的生存。水分子中，氢原子和氧原子并未均享电子，电子的分配不太均衡（见图 2.2）。因此，水分子的两端都轻微带电。水分子中的氢原子略微带正电，因此会受到另一个水分子中带负电的氧原子的吸引。这样的相互作用形成了强大的非共价氢键，使得水分子拥有更高级别的结构组织。

在冰中，水分子以晶格结构高度组织在一起。因此，冰的密度比水小。

水的性质

下一次你啜饮着杯中之水时，不妨思考一下下列问题：水拥有5个物理属性使其独一无二：作为溶剂用途多种多样、内聚性、吸胀作用、能稳定气温、受冷膨胀。

水是生命的溶剂。离子化合物在水中溶解。通常情况下，极性化合物都能溶于水。氢键让液态水比绝大多数溶剂具有组织性，因此，水分子之间结合得更紧密。

疏水性物质（比如非极性化合物）在水中不可溶解；亲水性物质可溶于水。

内聚性是指分子之间的吸引力。你是否曾遇到这样的情况：为杯中注水略微多了一些，但是水只是微微胀出杯面而没有溢出？这正是表面张力的结果。水表面的氢键形成了类似“皮肤”的组织，一些分子和水表面以下的分子靠氢键结合在一起。小石子能在湖面点水飘过正是氢键的功劳！内聚力也帮助水在植物的木质部传输。黏着是指不同物质的分子之间的吸引力，这使得水能附着在木质部的细胞壁上，并且对抗重力的作用。

> 如果你享受园艺带来的快乐，那么你就已受益于吸胀作用，即不溶于水的物质对水分的摄取。正如种子的胚芽吸收水分，膨胀并且冲破种皮，让种子发芽。

比热是指1千克的某种物体温度改变1℃时吸收或释放的热量。水具有较高的比热4.184焦/(克·℃)[1 cal/(g·℃)]，所以水能有效防止温度的剧烈变化。氢键形成时会释放出热量，断裂时会吸收热量。所以，水可以稳定气温。由于地球表面积的75%都是由水覆盖，水的这一特性就变得尤为重要。这些水能调节地球的气候，在大面积水覆盖的区域使季节平稳过渡，还能稳定水系统的温度，并且通过蒸发冷却（就像出汗一样）帮助生物释放热量。

或许，你在小学时已经学到物体热胀冷缩这一特性。然而水不是这样。由于水分子之间氢键的存在，水反其道而为之，这样一来，冰的密度就比水小，会浮在水的表面，向水中散热，同时起到绝热作用。如果冰没有这样的作用，会发生什么事情呢？至少，水会全部冻结，使得水中的生物很难存活。

酸、碱和pH值

酸和碱的化学属性相反。酸是一种在水中电离会形成或者释放氢离子的物质。碱是一种能降低氢离子的相对浓度，从而形成碱性溶液的物质。强酸（盐酸）和强碱（氢氧化钠）都可以在水中完全电离。弱酸（碳酸）和弱碱（氨水）都只能在水中部分电离，并且过程可逆。

> 缓冲剂是一种能够减缓pH值骤变的物质。通过吸收溶液中过多的氢离子，或者向溶液释放氢离子以补不足，来防止pH值骤变。

pH值（见图2.3）用从0到14的数字来评定溶液酸性或碱性程度。pH的意思是“potential of hydrogen”，即“氢的潜在性”。pH值为7.0则表示中性，小于7为酸性，大于7为碱性。所以强酸的pH值很低。绝大多数的体液pH值都在6.0到8.0左右。一个显著的例外是胃酸的pH值，较低的pH值使得其在消化蛋白质时具有重要作用。

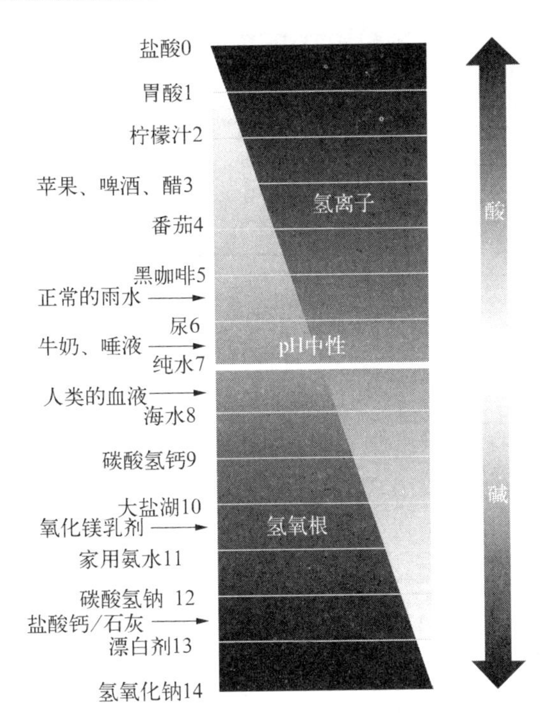

图 2.3　pH 值。不同 pH 值下氢离子和氢氧根的浓度。pH 值 0 到 7 为酸，pH 值 7 到 14 为碱。

pH 值是氢离子浓度的负对数。每一级的变化都是 10 倍的改变。比如，pH 值为 2 的物质比 pH 值为 3 的物质酸度强 10 倍。

碳的重要性

“有机”一词指的是任何含碳的化合物(除开碳氧化合物和碳酸盐)。碳是有机化合物的主要元素，它构成了地球上的生物。

由于碳原子有 4 个价电子，所以碳一般形成四个共价键的化合物。碳架在长度、形状(直链状、树枝状或者环状)、数目以及双键的位置，还有可供结合的位置所连接的元素都有不同。通常与碳原子结合的元素有氢、氧和氮。

无机化学研究的元素和化合物绝大多数都不属于含碳化合物。虽然我们知道生命的存在离不开碳，但是研究碳元素恰恰属于无机化学的范畴。

在有机化学中，拥有相似性质的分子被划分为官能团。当官能团与碳原子结合在一起，形成的化合物就具有特殊的化学和物理性质。

- **醛基**(在碳链的一端有 C=O)和酮基(在非碳链末端的位置有 C=O)在糖中非常重要。
- **氨基**(—NH_2)是氨基酸中的重要官能团，因此也是蛋白质。氨基呈极性，因此可溶于水，但具有弱碱性质。
- **硫氢基**(—SH)让含硫的蛋白质结构保持稳定。
- **磷酸基**是磷酸电离出的一部分，呈现极性。有机磷酸盐对于细胞的保存以及腺苷三磷酸(ATP)的转移具有重要作用，腺苷三磷酸这种化合物在其磷酸键水解时会释放出能量。
- **甲基**(—CH_3)是一种非极性疏水性物质。它组成了蛋白质的主要结构之一。

重要的细胞大分子

直到目前，我们都把分子描述为“微小”的物质。然而事实并非总是如此。通常情况下，有机分子都具有大的结构，属于大分子(聚合物)。它们由更简单的分子——单体组成。例如，糖(聚合物)是由单糖(单体)组成，蛋白质(聚合物)是由氨基酸(单体)组成。大分子多样的结构正是生物多样性的基础。本书第一章中介绍了生物的同一主题，其在构成大分子的四五十种单体中都有体现。如果将每一种单体想象为生物这张字母表中的字母，大分子就是单词。由于所有的单体以不同的方式组合，新的特性就会出现。生命的语言由此发展，主题也变得多样。

糖类(碳水化合物)

你是否认识这样的人：他们为了减肥而将碳水化合物从饮食中剔除了。然而，碳水化合物几乎存在于我们所有的食物之中，根本不可能避免摄入。糖类(亦称碳水化合物)是生物的能源以及构成物质，也是食物中快速能量的主要来源。一般按照这种化合物中所含单糖的数目对其分类。

单糖就是单分子的糖。葡萄糖是细胞的主要营养物质，也是最为常见的单糖。绿色植物通过光合作用制造葡萄糖。事实上，我们摄入的绝大多数食物最后都会分解为葡萄糖。血液将其运输到身体的每一个细胞之中(见图2.4)。葡萄糖化学键中储存的能量通过细胞呼吸作用加以利用。葡萄糖可以通过缩合形成更大的碳水化合物。碳水化合物可能由3个甚至更多碳原子来构成，但是最常见的是有3个、5个或者6个碳原子。不对称的碳原子周围的空间构成可能不同。在水溶剂中，很多单糖可以形成环状。另一个典型的单糖则为果糖，即水果中的糖分。

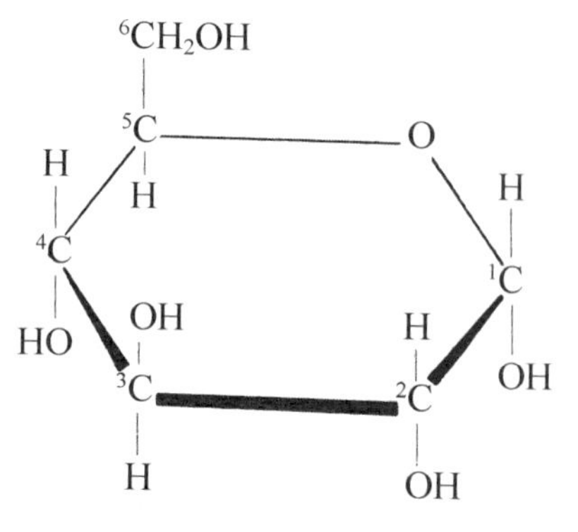

图2.4 葡萄糖的结构

两分子的单糖经过缩合反应(脱水)就可形成二糖。葡萄糖和半乳糖(一种单糖)结合在一起就可以形成牛奶中的乳糖。葡萄糖和果糖则可缩合为蔗糖。

没有作为能源消耗掉的营养物质会被储存起来。一些会形成脂肪，另一些则变为多糖(长链的单糖)。动物以糖原的形式将多糖储存在肌肉和肝脏细胞之中；当需要能量时，糖原可以很快被释放出来。

植物则以纤维素的形式将多糖储存在根部、种子、果实以及块茎之中。因为纤维素会让细胞壁更加坚硬，所以又被称为结构多糖。纤维素是人摄入的一种膳食纤维。但是由于人类不能消化纤维素，所以消化道会将其直接排出。

角质素是另一种结构多糖。它形成了节肢动物的外骨骼，并且是某些菌类细胞壁的构成物质。

脂质

脂质(通常称为脂肪)是平衡饮食的必要组成部分，并在身体中起重要作用。正如糖类(碳水化合物)一样，脂质被用作储存能量。等量的脂质和碳水化合物分解时，前者会释放出更多的能量。身体中常以脂质的主要形式三酰甘油(甘油三酯)来储存能量。

三酰甘油的形成需要三个脂肪酸分子和一个甘油分子结合在一起(见图2.5)。如果每一个脂肪酸链中的碳原子都和另一个碳原子由单键结合在一起，则为饱和脂肪酸；如果碳原子是由双键结合的，则为不饱和脂肪酸。

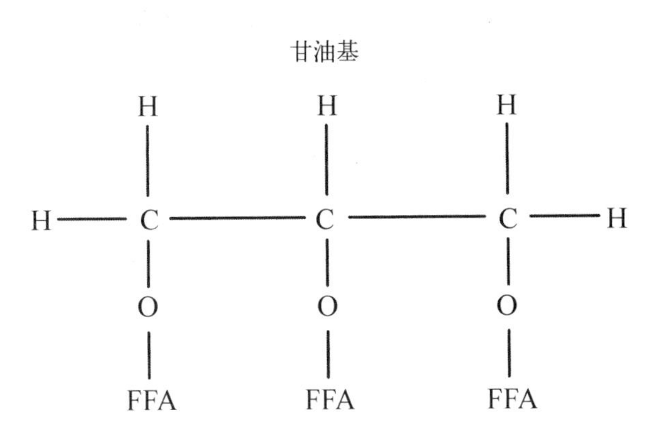

图 2.5 脂质的结构

> 如果摄入的葡萄糖大于身体能使用或者储存的量，那么多余的葡萄糖则会被转化为三酰甘油或者脂肪分子，并且通过血液运输到脂肪组织细胞中进行储存。

脂质的另一个例子是磷脂，其中含有一个磷酸基以及两分子与甘油结合在一起的脂肪酸（见图 3.3）。分子的一端是亲水的（与水相互吸引），而有脂肪酸的一段则是疏水的（与水相互排斥）。类固醇指的是具有四个首尾相连碳环的脂质。例如胆固醇，它是动物细胞常见的组成成分。胆固醇是性激素、胆汁酸等很多其他固醇的常见前体。

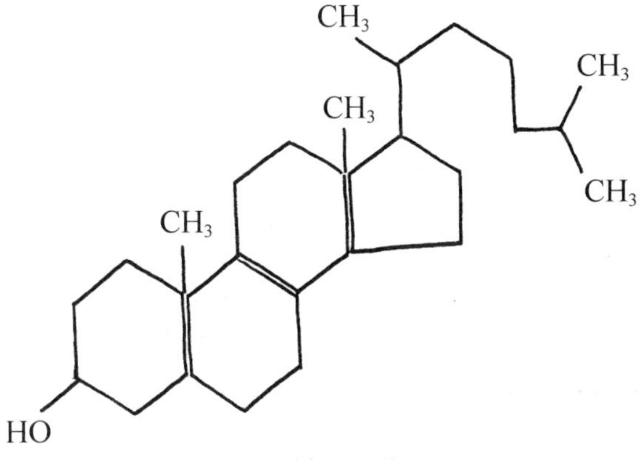

(a) 胆固醇

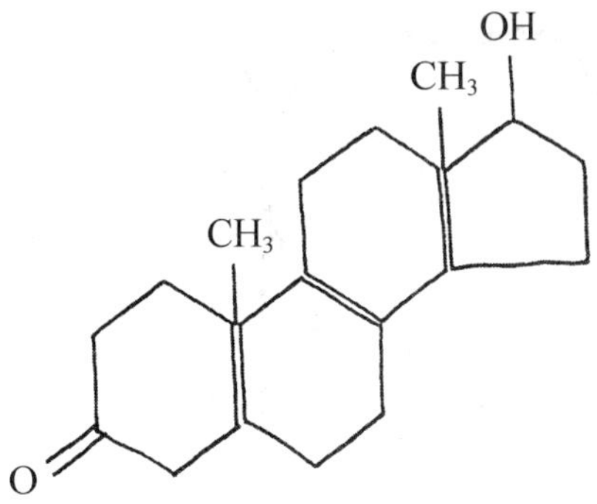

(b) 睾丸激素

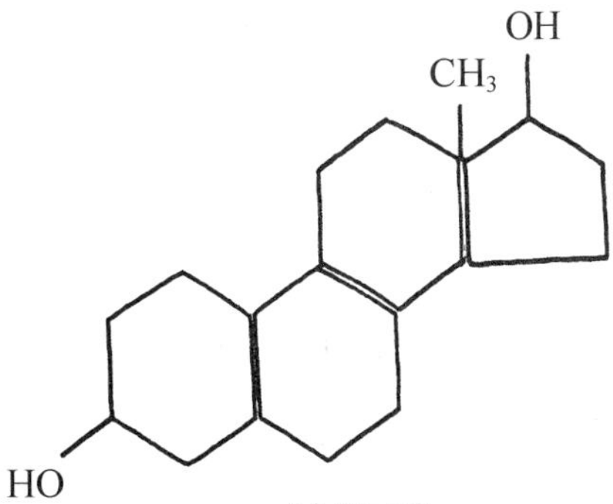

(c) 雌二醇

图 2.6 固醇的结构

蛋白质

蛋白质构成了细胞干重的 50%以上，具有多种重要作用，例如：

- 组织支持（胶原蛋白）
- 储存（如氨基酸）
- 运输（血红素）
- 指示（化学信使）
- 对化学刺激做出细胞反应（受体蛋白）
- 运动（收缩蛋白）
- 抵御异质以及致病性生物（抗体）
- 生物化学反应的催化剂（酶）

蛋白质是氨基酸以肽键按照特殊的线性排列组成的大分子（见图 2.7）。蛋白质的功能是由氨基酸的排列决定的。

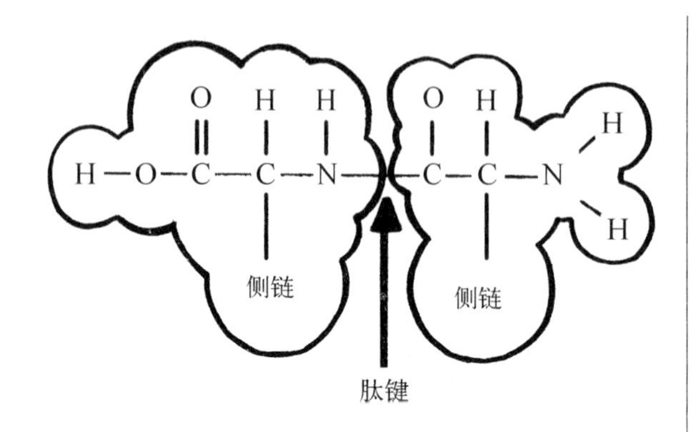

图 2.7　缩二氨酸的结构

核酸

核酸储存并传递对于生命至关重要的遗传信息。核酸是核苷酸这样的单体构成的大分子。核酸分子由 3 部分构成：一分子五碳糖、一个磷酸基及一个含氮碱基。

脱氧核糖核酸(DNA)，是双螺旋结构，含有糖、去氧核糖(见图 2.8)。核糖核酸(RNA)是单链分子，含有糖以及核糖。DNA 和 RNA 都含有 3 种含氮碱基：腺嘌呤、鸟嘌呤和胞嘧啶。此外，DNA 含有胸腺嘧啶而 RNA 将尿嘧啶作为其第四种含氮碱基。DNA 的复制、传递以及编译将在第七章中讨论。

小结

• 化合物是靠单个原子之间相互作用形成的，

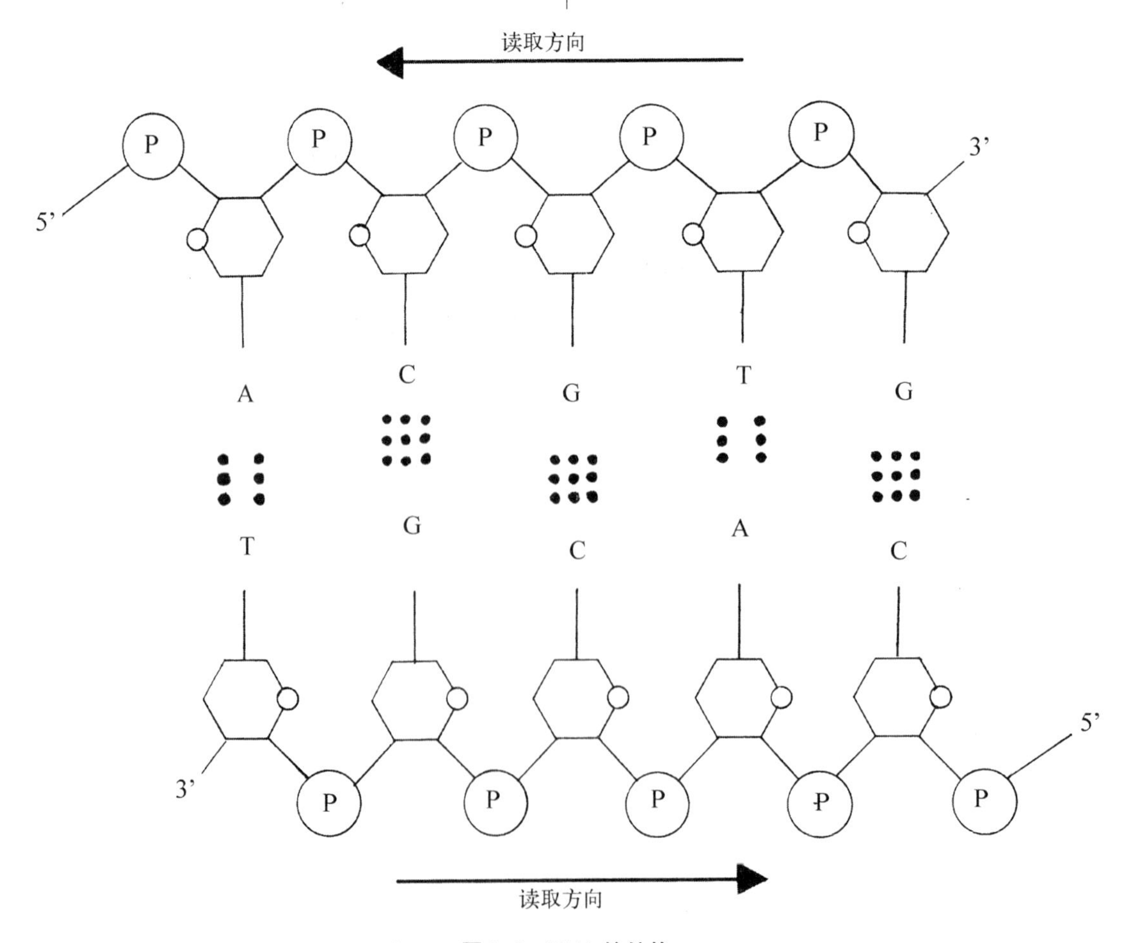

图 2.8　DNA 的结构

伴随着电子的共享或者得失。

- 生物体中 4 种最丰富的元素是碳、氢、氧、氮。
- 水是绝大多数生物体中最丰富的化合物。由于水分子之间氢键的作用，水具有以下几种物理特性：作为溶剂用途多种多样、内聚性、吸胀作用、能稳定气温、受冷膨胀。
- 大多数生物化学反应都是在 pH 值为 6.0 到 8.0 之间的环境中发生的。缓冲剂可以防止 pH 值波动。
- 主要的有机大分子有：糖类（碳水化合物）、脂质、蛋白质以及核酸。
- 碳水化合物是生物主要的能源物质以及构成物质。
- 脂质能被用以储存能量，构成质膜或者形成类固醇激素。
- 蛋白质在生物体中起着重要的作用，例如支持、储存、运输、指示、对化学刺激做出细胞反应、运动、防御、酶促反应。
- 核酸负责储存以及传递遗传信息。

第三章 3 活细胞及其构成

关键词

膜； 细胞质； 扩散；
细胞器； 基质

细胞是生命的基本单位。在正常运作下，细胞执行生命的重要功能。一些生物是由单细胞构成，另一些则由数以万亿计的细胞构成。一些细胞只能生存几小时左右（如某些白细胞）另一些则有着和人类寿命等长的生存时间（如脑细胞）。根据细胞学说，所有形式的生物都是由一个或多个细胞构成，新细胞由旧的细胞产生。

细胞的大小

细胞是生物最小的功能单位，但也具备了整个生物体的特征。细胞能有多小呢？这取决于细胞内能够容纳遗传物质、蛋白质等的空间大小，而这些物质是细胞执行最基本的功能和复制所必需的。

已知的最小细胞是类菌质体，大小在 0.1 到 10 微米左右。

最大的细胞有多大呢？这取决于生物的新陈代谢。细胞必须吸收足够的氧气和营养物质才能排出废物（比如二氧化碳）。随着细胞大小增加，其表面区域（S）和体积（V）之间的关系会发生怎样的变化呢？两者都与细胞的半径相关，公式如下：

$$S = 4\pi r^2$$

$$V = 4/3\pi r^3$$

细胞变大，对于小细胞而言，$S : V$ 的比率会增加；而对于同样形状体积更大的细胞，$S : V$ 的比率会减小。细胞和周围环境进行物质交换的基本机制为扩散（通过任意性运动导致分子缓慢混合）。细胞越大，分子需要运动的距离越长。细胞表面区域是限制变量。同一大小的细胞可以通过改变形状从而改变表面区域。例如，小肠中像手指一样突起的细胞——微绒毛就能通过改变形状而非变大体积来增加表面区域。

细胞种类

生物界中有两类基本的细胞：原核细胞和真核细胞。原核细胞有清楚的结构（见图 3.1）。细菌和原始细菌属于此类。虽然原核细胞具有不同的形状，但是它们都被一层质膜（也称细胞膜）包裹着，外部还围绕着一层细胞壁。原核细胞没有真正的细胞核。DNA 位于“类核”区域。除了原始细菌，其余原核细胞的蛋白质都和细菌 DNA 没有联系。

这些细胞都比真核细胞小，且没有膜包裹细胞器。某些新陈代谢活动所必须的酶存在于

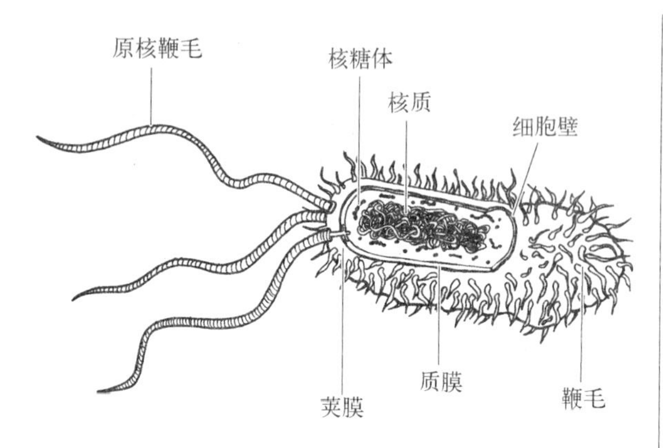

图 3.1 典型的杆状原核细胞

质膜上。某些原核细胞可以移动，具有一根或多根鞭毛。本书将在第九章中深入研究细菌和原始细菌。

单细胞生物(如细菌、原生动物以及藻类)展现了最原始的真核细胞。随后出现了真菌，继而进化出了植物和动物。从总体看来，真核细胞比原核细胞要大，具有明显的细胞核以及一系列由膜包裹的细胞器。本章将随后讲解植物细胞，现在先来看一看典型的动物细胞的结构和功能(见图 3.2)。

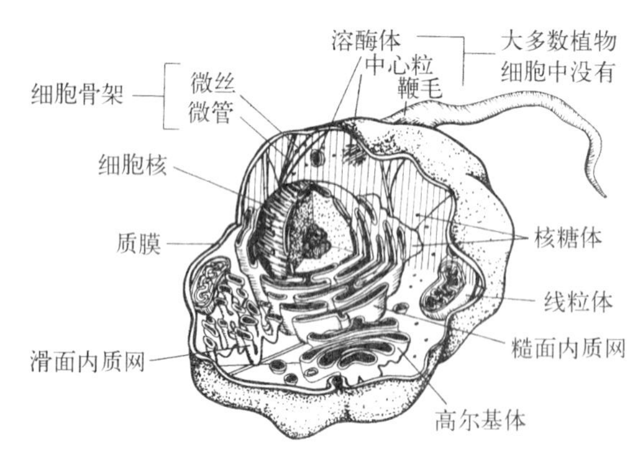

图 3.2 动物细胞

细胞的结构

细胞和外界环境之间隔着一层半透膜的屏障，这层膜称为质膜(见图 3.3)。

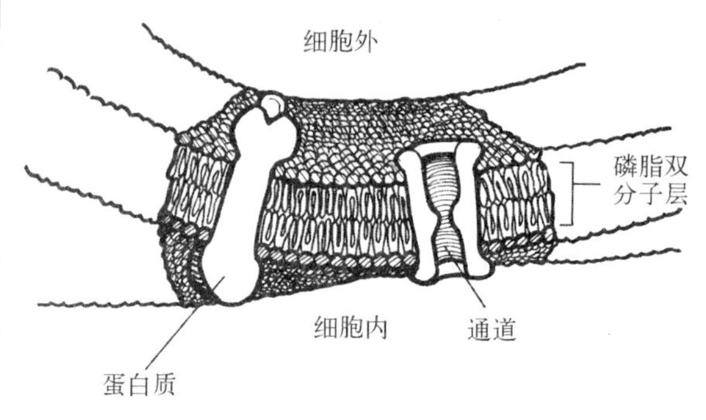

图 3.3 质膜

就结构而言，质膜是磷脂双分子层。脂肪酸组成的“尾部”聚合在双分子层的中间，排斥水分。呈极性的磷脂“头部”排列为质膜的顶端和底端。动物细胞中的胆固醇令双分子层在体温下也能保持流动性，就像润滑油而非脂肪一样。

蛋白质分子镶嵌在质膜之中，有的横跨整个质膜，有的部分嵌入质膜之中，还有的处于质膜外围。有的固定在某个位置，有的则可以横向流动。

英语单词中，前缀“cyto”表示“细胞”。

质膜调节可以进出细胞的物质。物质的大小、疏水性、极性以及分子电荷都会影响其是否能穿过质膜，以及如何穿过质膜。记住：质膜的中心是疏水的，从而阻挡水分子的进入。

诸如氧气及二氧化碳等气体，以及水、尿素、乙醇等不带电的极性小分子，以及碳氢化合物都可以通过这样的薄膜。另一些分子必须从蛋白质中的通道进入细胞。质膜表面的糖分子就是受体，允许认可的分子通过质膜，阻止其他不受认可的分子进入。

诸如葡萄糖一类不带电的极性大分子，以及氨基酸一类带电的大分子如果必须要通过质膜，只能依赖膜蛋白质。在此过程中，蛋白质是载体。如果是顺着浓度梯度进行扩散，则不需要消耗腺苷三磷酸(ATP)(见第四章 ATP 部分),称为协助扩散。

扩散是一种被动运输。分子只是简简单单从浓度高的区域透过质膜向浓度低的区域移动。当膜内外浓度相同,则停止扩散。氧和二氧化碳就是这样运输的。水分运输的方式为渗透,其过程与扩散类似。

有时,分子的运输方式与上述过程相反,需要消耗细胞的能量,这就称为主动运输,通常会有 ATP 的参与。

细胞核

细胞核是细胞的控制中心。通过 DNA 中携带的指令,细胞核指挥细胞的行为。其半径通常为 2～5 微米,由双层的核膜包裹。细胞核中的 DNA 与核蛋白结合为大的结构——染色体。DNA 的复制和转录都是在细胞核中进行的。RNA 通过核膜上的核孔离开细胞核,从而进入细胞内部的细胞质。

核仁

多数细胞核都具有一片小区域,称为核仁,由 RNA 以及蛋白质构成。合成蛋白质的结构——核糖体就是在核仁形成,并通过核膜上的核孔进入细胞质,参与到蛋白质的合成过程中。

内质网

很多细胞内都充满了复杂的扁平管道网状结构,即内质网(缩写为 ER)。内质网的膜与核膜相连,在细胞内部运输物质。从结构和功能而言,ER 有糙白内质网和滑面(光面)内质网两类明确不同的种类。

糙面内质网上分布着制造蛋白质的核糖体,因此表面显得粗糙。蛋白质经过内质网的内部管道从而折叠成自身形状。内质网剪切自身的膜,形成泡囊包裹蛋白质。接下来,蛋白质进入高尔基体的"顺面",进行离开细胞前的修饰。需要排出细胞的蛋白质(比如胰岛素等分泌蛋白)通过糙面内质网进行运输。

核糖体参与氨基酸合成蛋白质的过程。一般核糖体以大小亚基的形式二分存在,当需要进行合成蛋白质的工作时,再组合在一起。

滑面内质网参与诸如磷脂和类固醇等脂质的合成。合成的类固醇包括肾上腺形成的类固醇性激素以及性激素。毫无疑问,卵巢以及睾丸富含滑面内质网。在肌肉细胞中,滑面内质网膜释放的钙对于肌肉的收缩至关重要。

滑面内质网参与碳水化合物的新陈代谢以及药物和毒物的解毒。由于肝脏细胞是主要的解毒场所,该细胞也富含滑面内质网。糖原储存在肝脏之中,而滑面内质网能分泌将糖原转化为葡萄糖所必需的酶。滑面内质网一般会为物质增添一个羟基,使其更易溶于水,从而更易排出体外。

高尔基体

高尔基体看起来就像一堆扁平的烤饼。该细胞器与内质网膜呈连续性,存储、挑选并将内质网制造的物质运输到细胞外的确定位置。高尔基体也是蛋白质加工的场所,比如在蛋白质中加入糖类(碳水化合物)。高尔基体的结构具有极性。“顺面”接收内质网的产物,而加工完成的蛋白质则通过“反面”离开高尔基体。

意大利科学家卡米洛·高尔基(Camillo Golgi)于1898年首次描述高尔基体。

溶酶体

溶酶体是由膜包裹的水解酶囊泡。囊泡中的糖酶、蛋白酶、脂肪分解酶以及核酸酶让溶酶体能够消化所有常见种类的大分子。溶酶体的膜将具有分解性的酶从细胞质中分离出来。通过吸入氢离子,为酶的活性保持pH值5.0的酸性环境。

如果溶酶体膜破裂,那么内部的酶可以传遍整个细胞并且破坏细胞。溶酶体的意思就是“能够溶解他物的机体”。

溶酶体有几个非常重要的功能。溶酶体可以与包裹食物的液泡相溶,并让其中的酶消化食物;可以循环利用细胞自身的有机物质,消化这些物质,将小体释放到细胞外或者作为新的有机构造材料。溶酶体负责程序性细胞死亡,该过程在发展和变质过程中至关重要。

在遗传病泰-萨二氏症(即家族黑蒙性白痴)的患者中,溶酶体脂肪分解酶处于缺失或者无活性状态。这就导致脂质在大脑中积聚,使得患者夭折。

线粒体

中午你吃的三明治午餐无疑将会为小豆子状的细胞器——线粒体供给燃料。线粒体将燃料转化为可利用的能量。它具有专属DNA以及核糖体。这种半自主性的细胞器可以自我复制。

线粒体由双层膜包裹。光滑的外膜对于小的溶剂具有高度渗透性,却能阻挡蛋白质和其他大分子物质进入。内膜向内折叠形成嵴,其上附有和细胞呼吸作用相关的酶。折叠的内膜增加了线粒体的表面空间。自然界常常使用这样的策略。线粒体的基质中含有酶,能催化细胞呼吸作用中很多新陈代谢的步骤。

人体肝脏中的一个细胞可以有大约1 000个线粒体。平均每个细胞的线粒体含量是200。

过氧化酶体

几乎所有的真核细胞中都有过氧化酶体。该细胞器由单层膜包裹,具有将氢氧化的酶,从而生成有毒的过氧化氢。在一些新陈代谢反应中也会生成过氧化氢。而过氧化氢酶则将过氧化氢分解为水和氧气,因此在肝细胞中这种过程有助于脱去乙醇(酒精)中的氢。过氧化酶体包含的酶也参与将脂肪酸分解为乙酰辅酶A的过程,继而产物转运到线粒体之中为细胞呼吸供能。

液泡

液泡是由膜包裹的囊泡结构,在细胞的维护过程中具有多种功能。食物泡是由吞噬作用形成的。吞噬作用是指白细胞吞入粒子。一些淡水单细胞动物具有收缩泡,能将多余的水分排出细胞。大多数成熟的植物细胞都有长形的中央大液泡(见图3.4)。

细胞骨架

共有3种类型的细胞骨架纤维：微管、微丝以及中间丝。微管存在于所有的真核细胞之中，由球蛋白之中的微管蛋白构成，为中空直纤维。微管具有多项功能，包括细胞支持、细胞器移动、细胞运动以及在细胞分裂过程中将染色体分离。

微丝由两根相互交织的肌动蛋白组成。微丝与其他质膜内的蛋白质结合在一起能为细胞提供支持，因而有助于保持细胞的形状。微丝也是肠壁上皮细胞中微绒毛的核心；参与肌肉的收缩以及细胞的局部收缩。在动物细胞的分裂过程中，微丝会形成收缩环，将细胞一分为二。在植物细胞中，微丝参与细胞质的流动（细胞内的运动），也"涉足"阿米巴虫在运动过程中伪足的伸长和收缩。

中间丝由角质蛋白亚单位组成，比微管和微丝的寿命更长。中间丝可能是细胞骨架的框架。它能巩固细胞形状，还可能固定细胞器在细胞中的位置。中间丝塑造核膜的内层。

动物细胞中细胞间的连接

事实上，所有的细胞都和周围的细胞有接触，但是联系的方式各不相同。至少有3种不同的连接方式：间隙连接、细胞桥粒以及紧密连接。

- 间隙连接宛如相邻细胞之间的蛋白质门路，允许物质和电荷的通过。
- 细胞桥粒是相邻细胞之间强有力的固定，由相互作用的细胞膜互补折叠而成，正如两只十指交扣的手。
- 紧密连接是聚集在一起的蛋白质，阻断液体和小分子通过质膜。在胃部内层之中，紧密连接能保护胃细胞不受胃酸的侵害。

纤毛和鞭毛

一些细胞可以自由移动。特别是那些单细胞动物必须通过移动来寻找食物。即便是哺乳动物的细胞，比如精子细胞，也可以独立移动。一些细胞形成内层，从而能在细胞表面制造运动。又是什么结构促成了这样的运动呢？有两类最基本的结构参与其中。很多能够自由移动的细胞具有长的尾状结构——鞭毛。另外一些细胞通过纤毛，即一系列同步击打的毛发状纤维来实现运动。纤毛和鞭毛中心有一对由中央鞘包裹着的微管，外围环绕以两两连接在一起的9组微管二联体。

胞外基质

动物细胞没有细胞壁，但是具有胞外基质（缩写为ECM）。胞外基质是细胞外的蛋白和糖类（碳水化合物）网络结构，能够支持细胞，并且在细胞的黏着、依附、生长以及运动方面发挥作用。动物细胞胞外基质含量最丰富的糖蛋白为胶原蛋白，其在细胞外部形成强有力的纤维。其他的糖蛋白将胞外基质依附于质膜之上。

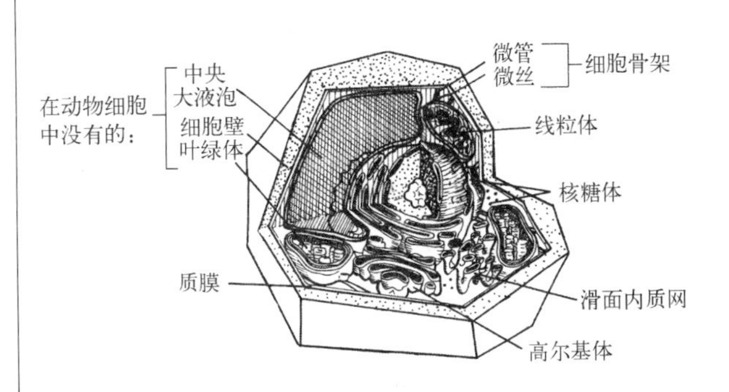

图3.4 植物细胞

独特的植物细胞结构

植物细胞由细胞壁包裹。细胞壁的厚度比质膜大(见图 3.4)。细胞壁的组成各异,但是都具有浸入多糖和蛋白质的基质之中的坚固纤维素纤维。细胞壁能保护植物细胞并保持细胞形状,防止细胞吸入过多的水分。细胞壁具有的膜内渠道以及胞间连丝能连接相邻细胞的细胞质。

幼嫩的植物细胞会分泌出单薄柔韧的初生壁。在初生壁与相邻细胞之间是共有的中间薄层(薄膜),由将细胞黏合在一起的黏稠多糖——果胶构成。随着细胞停止生长,细胞壁逐步加强。一些植物细胞会向初生壁分泌强化物质;另一些细胞会在质膜和初生壁之间增加次生细胞壁。次生壁通常由几层堆积在一起,并且含有耐用的基质支持保护细胞。

细胞壁上的小孔能够通过分子。这些小孔被称为胞间连丝(plasmodesmata),英文单词的原意即为细胞壁上的小孔。

中央液泡是成熟的活植物细胞中充满液体的大型细胞器。它由液泡膜包裹,具有多种功能,具体取决于细胞所属的种类。中央液泡可以储存有机化合物(比如种子中蛋白质的储存);储存无机离子,使得危险的代谢副产品不进入细胞质中;容纳可溶性色素(比如花朵中的红色或者蓝色色素);容纳有毒或者味道差的化合物从而保护植物。随着植物细胞发育,液泡促使初生壁扩大,并增加细胞表面区域。

苹果玫瑰般的颜色、秋叶金黄的色调以及光合作用都共同包含一些东西,那就是质体。质体是一系列由膜包裹的细胞器。造粉质体无色,在根和块茎之中储存淀粉。有色体含有除叶绿素以外的色素,从而赋予水果、花朵和秋叶颜色。叶绿体含有叶绿素,是植物进行光合作用的场所。叶绿体是镜头状的细胞器,含有专属 DNA,所以可以自我复制。

小结

- 所有的生物都是由一个或者多个细胞构成。所有的细胞都有质膜、DNA 和细胞质。
- 细胞依据其结构可以分为两类:原核细胞和真核细胞。细菌和原始细菌属于原核细胞,它们更小,没有膜包裹的细胞器,DNA 位于核区。在真核细胞的细胞质中,细胞器行使特定的功能。单细胞生物、真菌、植物和动物都有真核细胞。
- 动物细胞的细胞器包含细胞核、核仁、内质网、高尔基体、溶酶体、线粒体、过氧化酶体、液泡以及细胞骨架。如果细胞可以自由移动,则可能具有纤毛或者鞭毛。动物细胞之间的联系是靠间隙连接、细胞桥粒以及紧密连接。
- 植物细胞由细胞壁中的纤维素保护,具有几个独特的结构。中央液泡占据了成熟活细胞中大部分的空间,具有多种功能。
- 植物细胞含有叶绿体,叶绿体中含有叶绿素,在光合作用中,光能转化为化学能的过程需要叶绿素的参与。

第四章 4 能量与新陈代谢

关键词

呼吸作用；	丙酮酸盐；
分解代谢途径；	酶；
磷酸化；	合成代谢途径；
催化剂	

进行各种活动所需的能量可以有多种多样的形式。进行运动所需的能量称为动能。光和热都是动能的形式。存储起来的能量称为势能。轿车中装入的汽油具有势能，可以通过引擎转化为动能。在活细胞中，也能发现动能和势能。动能是压力和运动的能量，而势能是储存在“燃料”中供细胞使用以正常运作的能量。

热力学定律

能量可以从一个物体转移到另一个物体，也可以从一种形式转化为另一种形式，热力学就是研究这些变化的科学。能量既不能凭空产生，也不能凭空消失，因此宇宙中的能量是恒定的，这是热力学的第一定律。

热力学第二定律称，任何能量转化的过程都伴随着损失。随着每次能量的转化，一些能量会以热量的形式散发。此外，每一次能量的转化都会增加物质（熵）的无序性和混乱性。这一定律可以直接运用于生物活细胞之中。根据第二定律，细胞不能百分之百地转化能量。当你进行锻炼时，你通过收缩肌肉进行运动，但是运动过程总会伴随热能这一副产品。所有用以维持体温的热量都是从化学反应中得来的。

> 如果你好奇热力学的第三定律是什么，答案如下：如果物体A和B达到了热平衡，B又和C达到热平衡，那么A和C也是平衡的。这称为热焓。

腺苷三磷酸的作用

腺苷三磷酸（ATP）是大多数酶促反应的潜在化学能源。它由腺嘌呤（一种含氮碱基）、核糖（一种五碳糖）以及与核糖以共价键相连的3个磷酸基组成。最后的两个共价键并不稳定，但是可以储存化学能，正如电池储存电能一样。所以，当身体中需要能量进行化学反应之时，ATP中储存的能量就可以释放出来。为了释放能量，最末的磷酸基脱离，从而产生ADP（腺苷二磷酸）。酶这种特殊的蛋白质使用从ATP释放的能量完成细胞的所有工作。这包括制造新的分子，将离子排出或者吸入细胞之中。通常情况下，这些工作需要将ATP末端的磷酸基转移到另一个蛋白质当中，该过程称为磷酸化。这是身体每个细胞关键的调控过程。ATP参与大量重要的工作，所以毫无疑问，细胞特别是细胞的线粒体中一直在生产 ATP。然而，制造 ATP 的化学能又是来自何方呢？这些能量来自摄入和消化的食物。

工作中的细胞使用并再生细胞内总的 ATP 供应的频率是每 60 秒 1 次。

酶：生物催化剂

所有的化学反应其实都是能量从一个分子转移到另一个分子中。几乎所有的能量都储存在将原子连接到分子的化学键中。分子的能量改变往往伴随化学键的断裂和重组。通常情况下，要改变化学键的连接状态，需要注入能量激活化学键，使其处于活跃状态。正如开始虹吸的前期准备：我们需要将液体吸起并流过激活的障碍，随后水将自动流下。反应物必须吸收以开始反应所需要的能量大小称为活化能。有时，活化能的大小会受到催化剂的影响。催化剂促进分子能的组织和分布，以加快反应，然而催化剂本身并未发生永久性变化。在生物系统中，酶能催化绝大多数的反应。通过聚合反应物的分子，酶降低活化能的阈值，使得化学反应能在细胞常温下发生。作为催化剂，酶并不会改变反应的化学本质，仅仅加快反应的发生。酶的另一优势是对反应物具有选择性。

酶和底物（发生反应的物质）必须在活性位紧密结合在一起，正如钥匙和锁的配合一样（见图 4.1）。活性位可以将两个及以上的反应物放置在专属位置，使其发生反应并形成产物。在其他情况下，酶的活性位可以扭曲底物的化学键，从而在反应过程中消耗更少的能量来断裂化学键。在一些情况下，活性位可以制造一定的微环境，比如用周围的碱性氨基酸改变环境中氢离子的浓度。在另一些情况下，活性位中的氨基酸可以在反应中起到直接的作用。

以下几项条件都会影响反应的速度：必须达到适合的酸碱度、温度才能使酶的活性最大化。

大多数酶在 pH 值为 6～8 之间，温度在35～40℃之间时活性最高。

这些适宜的条件能让最大数目的分子发生碰撞，而不会使酶发生变性。总而言之，酶促反应的速度随着温度的增加而增快，因为分子动能促进底物与酶活性位的碰撞。如果温度高于适宜温度，那么反应速率可能会由于蛋白质的变性而下降。热量可以分裂稳定蛋白质形状的微弱化学键。

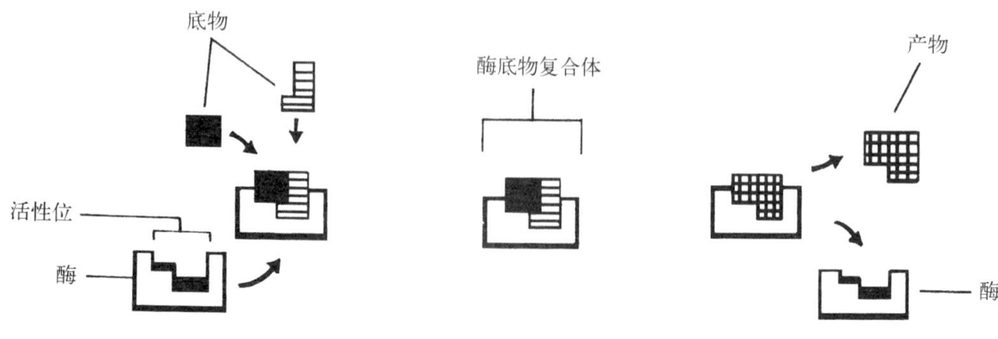

图 4.1 酶如何工作

一些酶需要辅因子才能发挥作用。辅因子并非蛋白质，却可以像催化剂一样发挥促进作用。辅因子可以是无机物（比如锌、铜、铁），也可以是有机物（比如维生素）。一些辅因子与活性位结合紧密，另一些则和酶的活性位以及底物相连甚疏。

底物的浓度越大，发生反应的速度越快——但也有一定的限度。如果底物的浓度过高，酶处于饱和状态（不再有可用的结合位点），此时，反应的速率取决于酶完成每个反应周期的速度有多快。此时若有更多的同种酶参加反应，则能加快反应速率。

饱和状态时，代谢途径是酶反应链，彼此之间相互连接。控制途径中不同步骤的酶活性可以调控途径中能量的流动。控制酶活性的方法之一是控制反应中酶的数量，这一目的可以通过开启和关闭合成每种酶的基因来达到；另一种方法是通过加入抑制剂或活性剂来控制酶的活性，比如，通过磷酸化来增加磷酸盐分子，从而调控不同种类的酶。重要的是，酶的活性通过多种机制精密调控。

细胞呼吸作用

细胞呼吸作用是将食物分子分解并且将其能量存储在 ATP 的过程。该分解过程会释放出高能量的电子，最终进入线粒体中与氧气结合。此过程可分为几个步骤，每一步都由酶控制。第一步，在糖酵解过程中葡萄糖缓慢氧化，释放出少量高能电子，以及丙酮酸盐小分子。在克雷伯循环中会有更多的丙酮酸盐释放出高能电子（见第 28 页）。

所有这些高能电子最终会被送到线粒体内的电子传输链，为 ATP 的合成供能。细胞呼吸作用的每一步都展现了结构与功能之间的紧密联系。

糖酵解

糖酵解是发生在所有细胞的细胞质中的一系列反应。通过这一反应，葡萄糖（一种六碳糖）部分氧化，重组形成 2 个三碳的丙酮酸盐分子。

糖酵解一共分为两个步骤。第一步，ATP 形式的能量得到增加，这一反应中形成的主要化合物为甘油醛-3-磷酸盐，该化合物常会分解为 2 分子的丙酮酸盐，同时生成 2 分子的 ATP 以及 2 分子的能量载体烟酰胺腺嘌呤二核苷酸（NADH）。NADH 较低的能量形式是 NAD^+，作为电子受体将电子和氢从糖酵解过程中转运到线粒体中。糖酵解过程产生的能量多数储存于 NADH 的高能电子之中，最终存在于 ATP 的磷酸键内。丙酮酸盐后续的反应取决于是否有氧，如果有氧，丙酮酸盐会转化为乙酰辅酶 A，随后参与克雷白循环；如果无氧，丙酮酸盐则会转化为乳酸，会一直堆积，直到氧恢复供应。

丙酮酸盐转化为乳酸的过程称为发酵。

克雷白循环（三羧酸循环）

克雷白循环，又称“柠檬酸循环”，进行的场所是在线粒体的基质之中（见图 4.2）。糖酵解过程产生的乙酰辅酶 A 与化合物草酰乙酸结合，进入克雷白循环。该循环是一系列酶促反应，最终将丙酮酸盐中的碳分解为二氧化碳，同时合成 2 分子的 ATP、6 分子的 NADH，以及 4 分子的 $FADH_2$（另一种高能的电子载体）。克雷白循环需要运行两轮才能完成葡萄糖的氧化。克雷白循环结束之时，草酰乙酸得到再生。与糖酵解过程相比，克雷白循环能产生更多NADH和$FADH_2$形式的能量，而这两种形式都是富含能量的分子。虽然增加了能量产物，克雷白循环仍然不足以为生物体的所有活动供能。

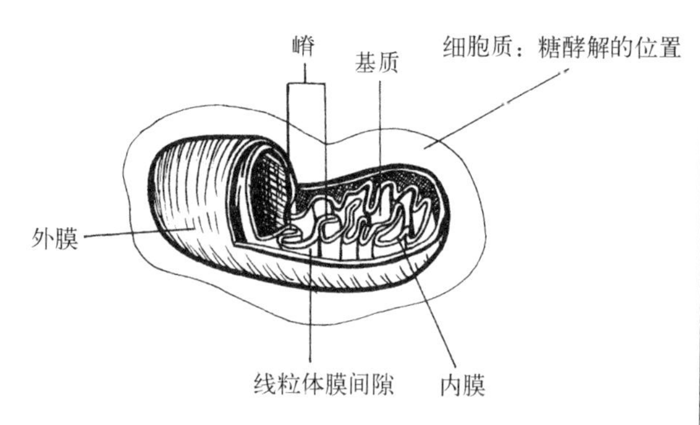

图 4.2 线粒体的结构

电子传递链以及化学渗透

电子传递链并不会直接产生ATP，而是建立跨越线粒体内膜的质子（即氢离子）梯度，其中蕴含着能将ADP磷酸化为ATP的势能（化学渗透）。电子传递链（ETC）中的大多数的电子载体都是植入线粒体内膜（嵴）中的蛋白质。一个显著的例外是辅酶Q，它是脂质。

每一个相继的载体分子都比前一个要带更多的负电荷。氧气（带有最多的负电荷）是最终的电子受体。在线粒体嵴内可以找到大量的复杂蛋白质——ATP合酶，它是一种酶复合物，构成了细胞ATP的主要部分。利用跨线粒体内膜的质子梯度势能为ATP的合成供能。电子传递链中的一部分电子载体运载的仅仅是电子；另一部分接收并释放质子，其过程与电子同步。从基质中挑出的电子释放到膜内的空间。随着电子在分子之间运载，释放出足够的自由能量为细胞的运作供能（见图4.3）。电子传递链和化学渗透制造出细胞90%的ATP（约34个分子）。

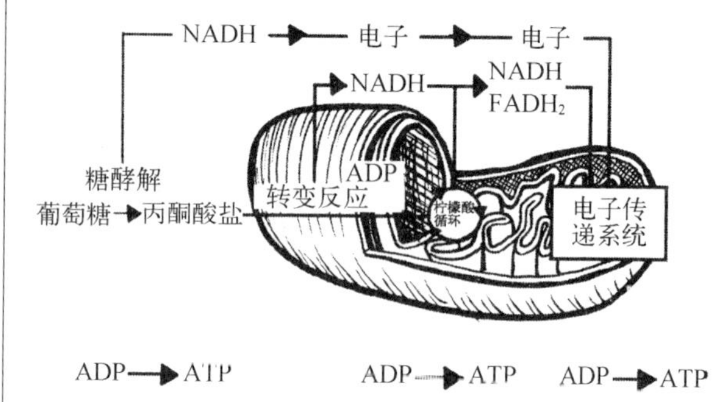

图 4.3 细胞呼吸作用

葡萄糖并不是我们唯一的细胞能源。饮食中所有的单糖经过分解代谢，最终都会在细胞呼吸中得到利用（见图4.4）。在糖酵解过程中，不同的糖在不同的步骤进入。葡萄糖在糖酵解的第一阶段的最后一步进入反应，而脂肪酸在糖酵解和克雷白循环过渡阶段进入反应。一些氨基酸会转化为丙酮酸盐，而另一些则直接进入克雷白循环。

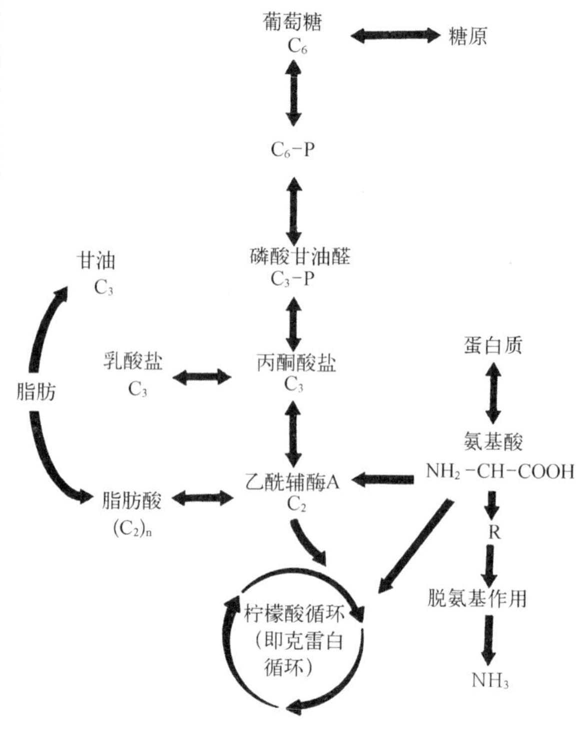

图 4.4 大分子能量源

和所有复杂的新陈代谢途径一样，细胞呼吸受到酶的调控。当有大量的 ATP 和柠檬酸盐（克雷白循环的早期产物）时，细胞呼吸受到抑制。当存在大量腺苷一磷酸（AMP）时，会刺激细胞呼吸。由此，细胞的能量平衡可以得到准确的监测和调控。

> 丙酮酸盐是糖酵解的最终产物，也是分解作用的关键节点。大分子分解为更小的分子会释放出能量。有氧环境中，丙酮酸盐进入克雷白循环；无氧环境中，其进入发酵的厌氧反应，产生的副产物是乙醇（酒精）或是乳酸。

光合作用

在光合作用过程中，生物能以水和二氧化碳为原料制造碳水化合物和氧气。在光反应中，太阳能被用以制造化学能，为卡尔文循环（见下）供能。在卡尔文循环中，二氧化碳合并入有机分子。就本质而言，光合作用就是细胞呼吸的反过程。呼吸作用的主要终端产物是二氧化碳和水，而这正是光合作用的原料，最终将被转化为葡萄糖和氧气。

什么是光

光是一种电磁能。可见光［波长在 380～750 纳米（nm）之间］为有色光。波长和能量之间呈负相关，即随着光波长变长，能量降低。当光照射到物体上，可以发生反射、折射和吸收。色素可以吸收可见光。日光是各种波长的可见光的混合，而蓝光和红光的波长使其最能有效地被植物色素叶绿素吸收。

叶绿素的作用

植物细胞含有多种多样的色素。叶绿素是一种能吸收光能的色素。叶绿素 a 和叶绿素 b 位于专门的结构叶绿体中，也为植物赋予绿色。红色和蓝色波长的光被吸收，绿光被反射。两种叶绿素之间有结构上的不同，吸收不同波长的光。叶绿素 a 直接参与光反应。类胡萝卜色素（黄、红和棕色色素）也存在于植物细胞之中，能够吸收多余的光，否则这些光会破坏叶绿素。光合作用一般发生在绿色植物的叶子中，每个细胞大概有 30～40 个叶绿体。

 叶绿素存在于叶绿体的类囊体膜中。

依赖光的反应

光反应吸收太阳光的能量并且将其转化储存在化学键之中。叶绿体的类囊体膜上具有聚集的色素分子，即光系统，它们可以吸收太阳光的能量。绿色植物有两套光系统，即光系统Ⅰ和光系统Ⅱ。每一个光系统具有数百个叶绿素分子以及配套的色素。吸收光之后，叶绿素中的电子变得活跃。能量逐层传递，直至到达一对特定的分子，对能量进行加工。这些电子转移到类囊体膜上的电子传递链中，建立起质子梯度，同时通过 ATP 合酶复合物（与线粒体中的发现相似）制造 ATP。能量被用以推动卡尔文循环。此外 $NADP^+$ 被还原为 NADH，并进入卡尔文循环之中。作为光反应的最终产物，水被光解并且释放出氧气。植物利用部分氧气进行细胞呼吸，其余的释放到大气中。

卡尔文循环

形成卡尔文循环的系列化学反应对于生物

至关重要。在光合作用的卡尔文循环中(发生于叶绿体中),二氧化碳的简单无机分子被用以制造复杂的有机分子,最终产物是甘油酸-3-磷酸。每3个进入植物的二氧化碳分子(通过叶上的气孔),都会耗费9分子的ATP以及6分子的NADH以制造1分子的三碳化合物。光反应为卡尔文循环提供能量。该过程只会产生1分子的糖供植物细胞利用。这一分子的糖可以用来制造其他的糖或者复杂的碳水化合物、脂肪、蛋白质,或者分解释放能量。剩余的甘油醛进行再循环,以再生二磷酸核酮糖(该化合物用于启动卡尔文循环,并且与二氧化碳结合)。很多植物制造出的糖都大于自身所需,因此糖被转化为淀粉,储存在植物的根、块茎以及果实之中。

C_3、C_4以及景天酸代谢(CAM)植物

在卡尔文循环中能直接利用碳的是C_3植物,因为能形成三碳糖。绝大多数的绿色植物都是C_3植物,能够在白天通过叶和茎上的气孔吸收CO_2。诸如玉米等C_4植物在天气炎热干燥之时,有特殊的方法保持水分:在白天的时候关闭气孔。于是碳被固定到四碳化合物之中,当把CO_2运载到邻近的细胞时,四碳化合物能起到载体的作用。

另一种固碳和保水的方式称为景天酸代谢(CAM)。多数肉质植物,比如仙人掌和菠萝都只在夜间开放气孔。CO_2在夜间被固定到四碳化合物之中。白天,CO_2会从四碳化合物之中移除,进入卡尔文循环。

小结

- 能量是做功的能力。能量可以从一种形式转化为另一种形式,但是不可能凭空产生或者消失。能量转化伴随着宇宙中熵的增加。
- ATP是存在于活细胞中的分子,在细胞内运送能量。酶是重要的生物催化剂。它的功能是降低反应所需的活化能,是使反应能在细胞温度下就能进行。酶在反应中既不会变性也不会用尽。
- 细胞呼吸是一种分解代谢过程,其中食物分子存储的能量转移到ATP的化学键中。糖酵解是细胞呼吸的第一步,发生于细胞质之中。所有的生物都能进行糖酵解。如果有氧,食物分子会在克雷白循环,进而在电子传递链中进行分解代谢。由于在化学渗透过程中能产生大量的ATP,因而也能形成大量的能量。克雷白循环发生在线粒体基质,而电子传递链发生于线粒体嵴之中。如果无氧,糖酵解的最终产物丙酮酸盐会经过发酵形成乙醇(酒精)或乳酸。
- 很多生物都需要绿色植物在光合作用中制造的食物。光合作用是一个合成代谢过程,在此过程中无机分子CO_2和H_2O形成有机分子。叶绿素是绿色植物主要的吸收光的分子,位于叶绿体的类囊体垛堆。光反应发生于叶绿体的类囊体膜上,这一过程产生的ATP和NADP为卡尔文循环供能。卡尔文循环发生于叶绿体的基质之中。
- 氧气是卡尔文循环的副产物。绝大多数植物是C_3植物,能从大气中直接吸收碳并且将其合成三碳糖。生存在高温干旱环境中的植物光合作用略微不同。由于白天这些植物需要关闭气孔保持水分,植物进行一定的改变,能将CO_2形成四碳化合物。于是,这些CO_2能在白天进入卡尔文循环得到利用,或者运输到其他细胞中制造糖分。这些储存起来的糖是很多动物的主要食物。

第五章 5 细胞周期

关键词

染色单体；　染色体；　配子；
单倍体；　二倍体；　同源

在成人体内，每昼夜约有2万亿次细胞分裂，即每秒钟2 500万次分裂。人体皮肤、头发毛囊、骨髓以及消化道内层的细胞在持续不断地更替。细胞通过分裂来进行繁殖（比如细菌和阿米巴虫），让器官发育长大（如受精卵），完成受损细胞的修复以及死亡细胞的更替。只有具备以下适宜的信号，细胞才会进行分裂：适宜的营养、生长因子、密度和体积。

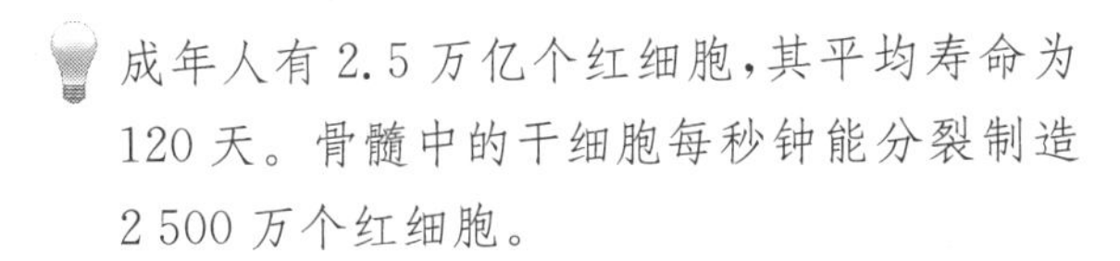
成年人有2.5万亿个红细胞，其平均寿命为120天。骨髓中的干细胞每秒钟能分裂制造2 500万个红细胞。

分裂间期

细胞绝大多数时间都处于分裂间期，包含了细胞周期其中的3个阶段：G_1、S和G_2（见图5.1）。细胞在这个阶段并不进行分裂，而是进行正常的细胞活动。此时，细胞体积和细胞器的数量翻倍，DNA的复制也开始起步。

G_1期，也称间隔期，会发生强度极大的生化活动。细胞质结构和分子数目增加。为了容纳

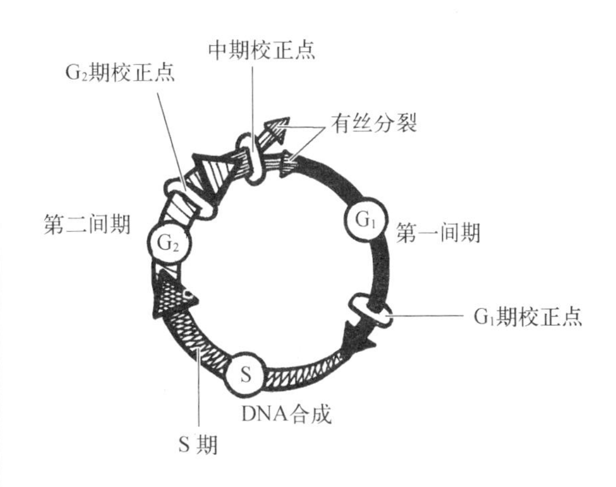

图5.1　细胞周期分期校正点图

内部物质，细胞体积变为以前的两倍。如果有中心粒（核膜外部的小粒子），中心粒会开始复制。这是整个周期中耗时最长的阶段，有的细胞一直处于这个阶段。

在S期，细胞开始进行生命活动中最重要的活动之一——DNA的复制。DNA得到精确复制的同时，与其相关的蛋白质也进行了合成。

G_2期是分裂间期最后的阶段。细胞核仍处于明晰状态，且由核膜包裹。中心粒的复制完成。在有丝分裂过程中，牵引染色体的纺锤体开始聚集。染色体开始螺旋化浓缩。细胞已经准备好离开分裂间期。

诸如肝细胞和肌肉细胞等细胞会长时间处于非分裂阶段，这些细胞会进入G_0期。在这些细胞中，不存在DNA的复制。

细胞分裂类型

二分裂

细菌由二分裂完成细胞分裂(见图 5.2)。在细胞分裂之前,单条圆环状染色体完成复制。两条染色体通过未知的方法(此时没有纺锤体)分别移向细胞相反的一端。当细胞体积增大为原来的两倍,质膜向内生长,并同时分泌新的细胞壁物质。当新的细胞壁形成,细胞向内缢缩,分裂为两个细胞,产生的两个子细胞在基因上完全相同。二分裂的速度非常快,在理想环境中,仅需 20～30 分钟就能完成二分裂。

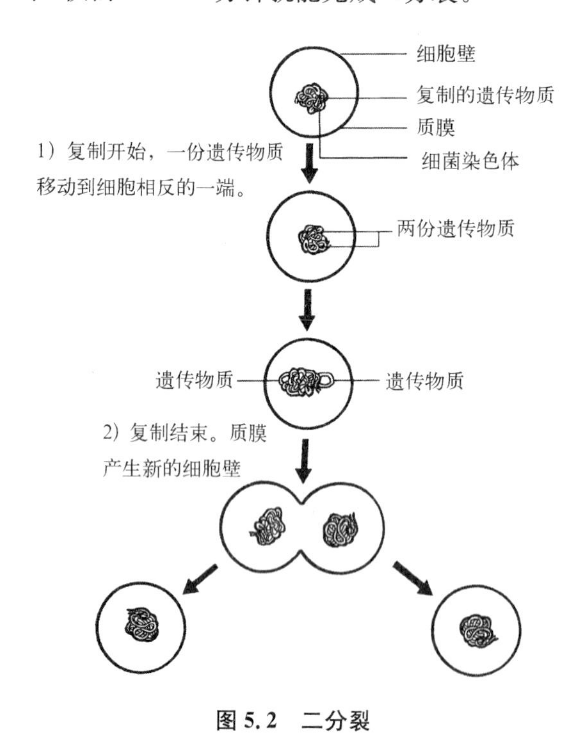

图 5.2 二分裂

有丝分裂

细胞分裂在真核细胞中更为复杂,因为真核细胞更大更复杂。在新的子细胞中,物质必须得到相当平均的分配,此外,每个子细胞都必须有新的核膜。与原核细胞相比,真核细胞的DNA 的数目是其 700 倍,而且平均每个真核细胞的染色体数目是 1 000 条,还存在与 DNA 相关的组织蛋白。真核细胞分裂为子细胞的过程分为两个阶段。其细胞核包含的物质可以通过有丝分裂或者减数分裂实现分配,并且细胞通过细胞质分裂一分为二。

> 一些类型的细胞在通常情况下不会分裂,但是在受伤的刺激之下可以进行分裂。比如肝细胞、纤维组织母细胞(一种原肌细胞)。肌肉细胞在组织分化之后就不会进行分裂,只会使细胞按照特定的功能来发育。

在有丝分裂期间,细胞经历四个阶段完成分裂:

- 前期
- 中期
- 后期
- 末期

细胞质分裂是最后一步。随后细胞再次进入分裂间期,而后整个细胞周期进行重复(见图 5.3)。

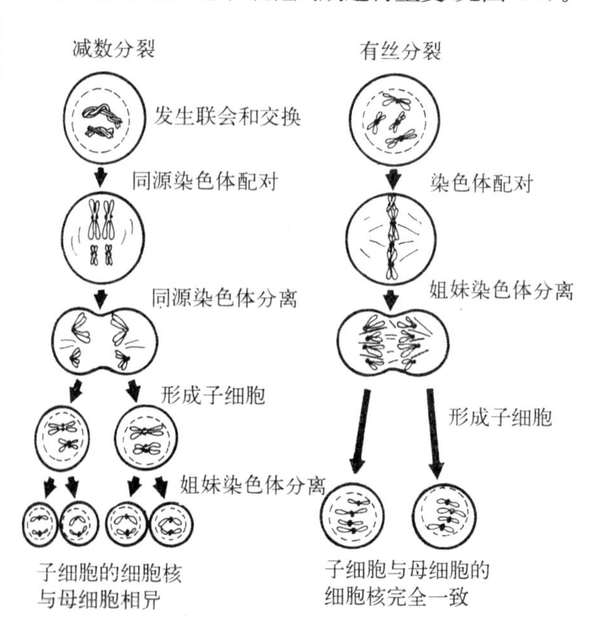

图 5.3 减数分裂和有丝分裂

前期最为耗时。长而延伸的DNA蛋白质纤维(染色单体)螺旋凝聚成为染色体。每一条染色体都有两条完全一样的染色单体,在凹陷的着丝点连接在一起。与此同时,蛋白质在细胞质中形成了纺锤体。为准备进行细胞分裂,染色单体通过两条毛刷状的单纤维(着丝粒)与一些纺锤丝相连。核膜和核仁分解。

在中期,染色体在纺锤体极之间的赤道板排列。此时,人类的体细胞(即非生殖细胞)拥有46条染色体,即92条染色单体。

在后期,着丝粒同时突然释放附着其上的染色单体。染色体分开,移向细胞两极。

在末期,染色体到达细胞两极,染色体解开盘旋,纺锤体分解,核膜包裹染色体聚集之处,核仁重新联合。

当新形成的子细胞通过母细胞的细胞体分裂,即胞质分裂获得独立,有丝分裂完成。动物细胞的细胞质分裂靠质膜下面微丝缢束(肌动蛋白分子)的收缩。随着缢束的收缩,细胞膜内陷,从中间紧压两倍大的母细胞,直到细胞缢裂为两个完整的小细胞。

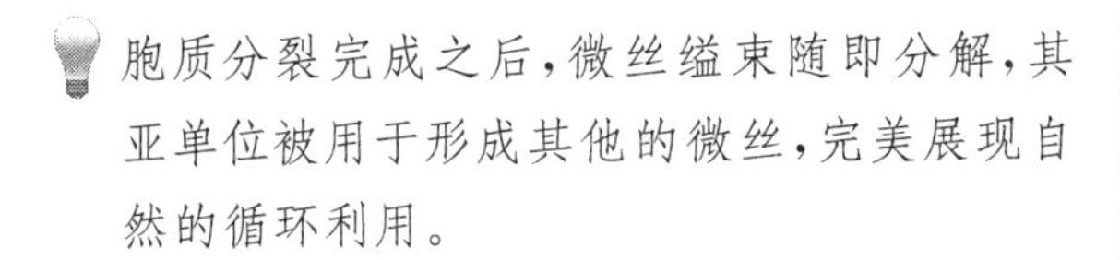
胞质分裂完成之后,微丝缢束随即分解,其亚单位被用于形成其他的微丝,完美展现自然的循环利用。

植物细胞中的胞质分裂有所不同,因为坚硬的细胞壁不易缢裂。高尔基体(见第三章高尔基体部分,第22页)产生的小囊聚集在有丝分裂纺锤体的中间,含有形成新初生壁的物质。这些小囊的质膜融合在一起形成细胞板。小囊内部的物质进入两层膜的中间,随着细胞板的平面拉长。此时,纤维素也开始分散到膜上,细胞板的边缘保持生长,直到与母细胞的质膜融合。

减数分裂

生殖或许是能将活物与死物区分开来最重要的特点。性繁殖器官由两种细胞构成:生殖细胞和体细胞。生殖细胞位于动物的性腺——雌性的卵巢和雄性的睾丸。生殖细胞通过减数分裂形成配子,用于性繁殖中。

体细胞通过有丝分裂产生新的细胞。

生殖细胞通过减数分裂产生新细胞。

如果没有减数分裂,那么地球上的生命就只会有细菌和简单的单细胞真核生物了!减数分裂通过有性繁殖增加了各物种基因的多样性。因为每个人类的配子都包含23对彼此不能配对的染色体(均为单倍体),而非常见的46对成对染色体(即双倍体)。当单倍体的雌雄配子彼此融合,形成新的双倍体合子,来自父母细胞的染色体数目相同。最终染色体和基因的交杂会形成新的基因组合,并将会分配给单倍体子细胞。

雌性的配子是卵子,雄性的配子是精子。

与能保持双倍体染色体数目的有丝分裂不同,减数分裂将染色体的数目减半。在此过程中,双倍体的母细胞同源染色体(每条染色体的配对复制品),将会分成4条单倍体的子染色体。最终,单倍体将会进入参与有性繁殖的配子中。两个单倍体雌雄配子的融合,能让合子恢复染色体的双倍体数目,由此保持生物每一代的染色体数目稳定。

人类男性睾丸中的双倍体细胞在青春期开始进行减数分裂,而女性在胚胎时期性细胞就开始减数分裂。卵巢的双倍体细胞在青春期开始时完成发育,通常情况下,每月会有一个细胞成熟。

减数分裂分为两个阶段。由于减数第一次分裂(Meiosis I)将同源染色体分到两个不同的子细胞核之中,因此称为减少数目的分裂。减数第二次分裂,分离与染色单体连在一起,产生4个单倍体核。减数分裂各个阶段的名称与有丝分裂相同:前期、中期、后期、末期。与有丝分裂相似,染色体的复制是在减数第一次分裂之前的分裂间期完成。

分裂间期复制的染色体开始螺旋化。同源染色体对彼此互认,呈线性伸直排列,这一过程称为联会,并形成四分体的结构。在联会之中,每条染色体延伸出回环的DNA,通过“互换”进行基因片段的交换(见图5.4)。

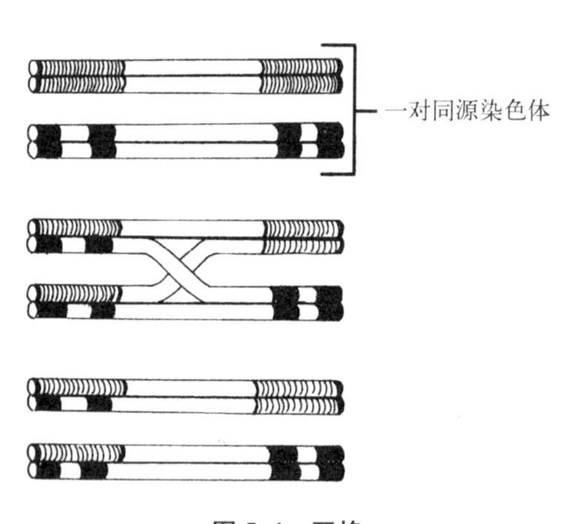

图5.4 互换

> 在互换阶段,染色体交换部分染色单体。这是另一种混合基因的方式,保证每一个后代都可以得到父母双方随机的特点组合。这正是你和你的兄弟姐妹看起来不同的原因之一。

核膜和核仁分离。纺锤丝与染色体的着丝点相连,四分体开始向着细胞中心移动。

四分体在减数第一次分裂期间排成一行,所以每个四分体的两条同源染色体分别位于赤道板的两侧。所有来自父体和母体的染色体分别位于赤道板异侧的情况很罕见,一般会交互排列,以实现基因改变。

在减数第一次分裂后期,纺锤丝变短,牵引每个四分体的染色体移向细胞相反的一极。着丝点不会断裂(在有丝分裂时会)。该阶段结束时,每个子细胞都会有母细胞一半数目的染色体。

在减数第一次分裂末期,染色体解开螺旋,核膜重新出现,胞质分裂产生两个子细胞。减数第一次分裂和减数第二次分裂之间会出现短暂的减数分裂间期。

> 配子通过受精结合,产生的后代独一无二。与突变产生新的基因特质一样,减数分裂是确保随着时间推移,物种中会出现基因变化的根本机制之一。换言之,减数分裂是形成新物种的关键。

在减数第二次分裂中,姐妹染色体分离到不同的细胞核内。减数第二次分裂前期,染色体变短变粗,核膜和核仁分解;在减数第二次分裂中期,染色体与纺锤体相连,整齐排列在赤道板上;在减数第二次分裂后期,着丝点断裂,牵引新的独立染色单体移向细胞相反的一极;在减数第二次分裂末期,核膜形成,包裹4个新的DNA聚集区,核仁重新出现。最后,胞质分裂形成4个独立的单倍体细胞。

癌症——不受控制的细胞

细胞周期控制中的异常会导致癌症。细胞周期中至少有3个点称为“校正点”(见图5.1)。细胞继续发育越过G_1校正点之前,细胞必须达到一定的大小,而且必须具备充足的营养和生长因子。此后,细胞会对染色体进行复制。在G_2期结束时,也有校正点确保细胞的大小合适,且DNA已经成功完成复制。继而细胞进入分裂前期。

中期会出现最后的校正点，确保染色体和纺锤体适当地连接在一起。如果两者未能正确连接，染色体分离时会出现错误，导致子细胞得不到正确数目的染色体，这将导致灾难性的后果。G_1 和 G_2 期的校正点可以阻止细胞出现不受控生长。

癌细胞会出现快速不受控的生长（见图 5.5），生长和分裂都呈现异常。组织中对细胞过度拥挤的控制缺失。癌细胞的质膜和细胞质发生了变化，其质膜变得更加有渗透性，导致蛋白质的丢失。如果识别蛋白发生变化或者缺失，则细胞之间的黏着变弱，不易固定在正常的组织中。不同的蛋白质引起小血管的异常增加，这意味着癌变组织正在为其提供更多的血液！循环系统会为这个生长的肿瘤提供更多的氧和营养物质。其细胞骨架出现紊乱或者萎缩。

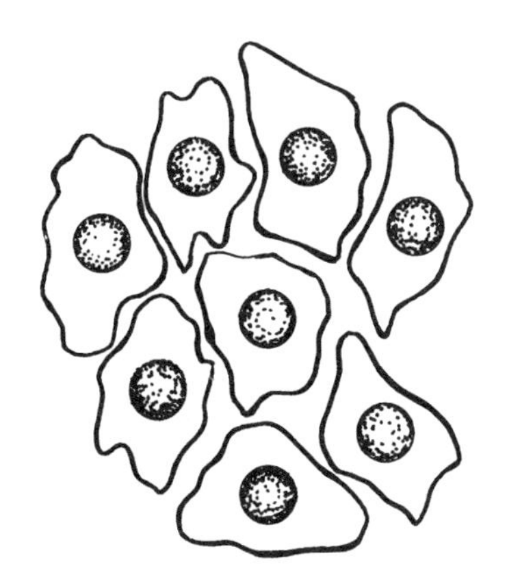

图 5.5 癌细胞

原因

化学致癌物质（如焦油、硝酸盐、石棉等）都会引起 DNA 序列的局部变化，从而导致癌变。物理致癌物质会导致染色体的破坏，从而引起异位。这些物质包括紫外线，X 线、暴露在太阳的紫外线下可能导致皮肤癌。致癌病毒会将异质 DNA 带入细胞中。这些病毒 DNA 会与宿主细胞的 DNA 结合，产生的病毒蛋白质可能影响宿主细胞的分化。现在已在某些癌细胞中发现了致癌基因（任何具备引起癌变转化潜力的基因）。17 号染色体就具有能转译蛋白质 p35 的编码。如果细胞缺失蛋白质 p35，或者该细胞发生突变，则细胞就不能进入 G_0 阶段。因此，如果这段基因发生变异，进而导致蛋白质变异，就会出现人类恶性肿瘤中最常见的情况。另一种蛋白质 p16 能阻断细胞分裂。如果没有 p16 或者产生了有问题的 p16，细胞分裂就不受控制，正如皮肤恶性黑素瘤出现的情况。

治疗方法

有多种化疗方法来治疗甚至治愈癌症。下面将介绍 4 种，并逐一说明其对细胞周期的影响。

多数化疗都是针对快速生长的细胞。正常情况下，毛囊、口腔以及食管内层细胞、骨髓以及皮肤细胞都会快速分裂。化疗药剂会影响到这些细胞。甲氨蝶呤能抑制 DNA 的合成，因此被用来治疗白血病。长春碱能阻断微管的聚合，用以治疗白血病以及霍奇金病。氟尿嘧啶抑制 DNA 的合成，用以治疗乳腺癌、胃癌以及结肠癌。其他的药品，诸如环磷酰胺、烷基化 DNA 碱基能阻止细胞进入 S 期，这些药品被用来成功地治疗淋巴癌、乳腺癌以及肺癌。

癌症不是一种单一的疾病，而是多种疾病

的混合。对其中一种起作用的药物，或许对其他的则会失效。即便如此，研究人员还是在科技前沿做出巨大的进步。或许，未来某一天，癌症将不会是最难控制的，甚至能被根除。

小结

- 细胞周期包含了分裂间期，在此期间，细胞代谢活跃，不断增大，并且完成染色体的复制。一旦细胞达到一定的大小，并且 DNA 数量翻倍，细胞即将进入分裂期。
- 原核生物通过二分裂完成细胞分裂。产生的两个子细胞完全一模一样，没有基因的变异(除非产生基因突变)。
- 真核细胞会经历有丝分裂或减数分裂。所有的体细胞都是通过有丝分裂完成细胞分裂。DNA 在细胞分裂期开始之前的间期完成复制。细胞核的分裂经过四个阶段：前期、中期、后期、末期。有丝分裂以细胞质分裂结束。
- 减数分裂的过程比有丝分裂长，仅发生在有性生殖器官的性细胞中。DNA 仅复制一次，在减数第一次分裂前的分裂间期完成。减数分裂发生两次分裂，每次历经四个阶段：前期、中期、后期、末期。减数分裂形成四个单倍体细胞，包含的染色体数目为母细胞的一半。
- 癌症是由细胞周期不受控制的细胞导致的。一般是由于控制细胞分裂的蛋白质发生变异或者缺失。快速分裂的细胞可能分散到身体的其他部位。化学和物理致癌因子可能导致癌症。一些类型的癌症是由基因原因导致的。
- 癌症的化疗模式是针对细胞周期的某个阶段。很多都是阻断染色体的复制。

第六章 6 遗传学

关键词

纯合子；	杂合子；	基因型；
等位基因；	表现型；	显性基因

你是否遗传了你母亲眼睛或者外祖父下巴的模样？生物遗传是人类以及物种之间不同之处的关键原因。在19世纪早期，人们曾经认为父母的特点仅仅在孩子身上“混合”。如果“混合”学说是正确的，那么特征一旦混合，应该就不会再次出现，于是经过很多代的繁衍之后，人类的长相应该会趋同。然而，稍微在拥挤的商场中扫视一下，就能推翻这样的学说。我们能看到种群中的差异性而非同一性。关于多样性的问题答案来自对豌豆的研究。

格雷戈尔·孟德尔

格雷戈尔·孟德尔(Gregor Mendel)出生于1822年，在农场中长大，是一位奥地利的修道士及高中教师。他天资聪颖，在维也纳大学修读科学和数学，特别受到物理学家多普勒(Christian Doppler)和植物学家恩格尔(Franz Unger)的影响。多普勒教导孟德尔使用定量试验方法研究自然现象。恩格尔启迪了孟德尔对植物遗传性变异原因的兴趣。

多普勒在1845年发现了多普勒效应，即当声源靠近和远离听众时，发生的音高变化。

豌豆实验

为什么选择研究豌豆呢？孟德尔当时负责修道院的花园，之前在大学学习了生物。在学习中，孟德尔对豌豆植物有性繁殖机制有了一定的了解，他发现豌豆植株是雌雄同株的，即豌豆的花粉可以使同植株的卵细胞受精。自花授粉在交配过程中可以提供严格的控制条件，生成的种子只会遗传母株的性状。此外，孟德尔还发现了如何阻止自花授粉，并且进行了很多异花授粉实验。

某些豌豆具有很多能简易分辨的特征，且花费少，可快速繁殖。这些优势使得豌豆适宜作为研究对象。

请记住：孟德尔所处的时代并不了解减数分裂过程，而且基因的概念还是未知的。或许孟德尔做出的最重要的决定是研究几个相互独立的特征(性状)，这使得他测量遗传效应的工作大为简化。孟德尔检验了豌豆植株的7个特征：花的颜色、花的位置、种皮颜色、种子形状、豆荚颜色、豆荚形状以及茎的高度。每一个特征都以两种对比形式出现：显性和隐性。

表 6.1 孟德尔研究的豌豆性状

性状	显性	隐性
花色	紫色	白色
花位	腋生	顶生
种子颜色	黄色	绿色
种子形状	圆粒	皱粒
豆荚颜色	绿色	黄色
豆荚形状	饱满	扁平
茎的高度	高茎	矮茎

单基因杂交

孟德尔让数千株豌豆进行自花授粉。在得到七个性状的纯育植株(见 44 页)之后,孟德尔为进一步探究遗传做好了准备,他追踪了三代的性状:(P)亲本、(F_1)子一代、(F_2)子二代。在其中一组实验中,孟德尔将紫花的纯育植株与白花纯育植株杂交。他首先去掉了紫花豌豆的雄蕊,使用小号的画刷将白花豌豆雄蕊上的花粉授到紫花豌豆的雌蕊上。授粉之后的雄蕊会发育成豆荚,之后孟德尔栽种了豆荚之中的豌豆种子,所有子一代生长的植株都开紫花。图 6.1 图解了这样的基因杂交。

孟德尔进一步开展实验,让子一代的杂合子植株(同一性状由两个不同的基因控制)进行自花授粉,并且产生配子。绝大多数的子二代开出了紫花,但是有 25%的植株开了白花。植株的表现型(即基因决定表现的性状)是紫花,其与白花的比例是 3∶1。子二代中没有出现浅色紫花的植株,这就推翻了遗传的"混合"理论。

双基因杂交

孟德尔使用双基因杂交来解释两对基因如何在配子中分配。他将纯育高茎紫花豌豆与纯育矮茎白花豌豆进行杂交。所有子一代的植株都是同样的表现型——高茎紫花豌豆(见图 6.2)。如用杂合的子一代植株进行自花授粉,那么子二代植株的表现型则会呈现 9∶3∶3∶1 的关系:

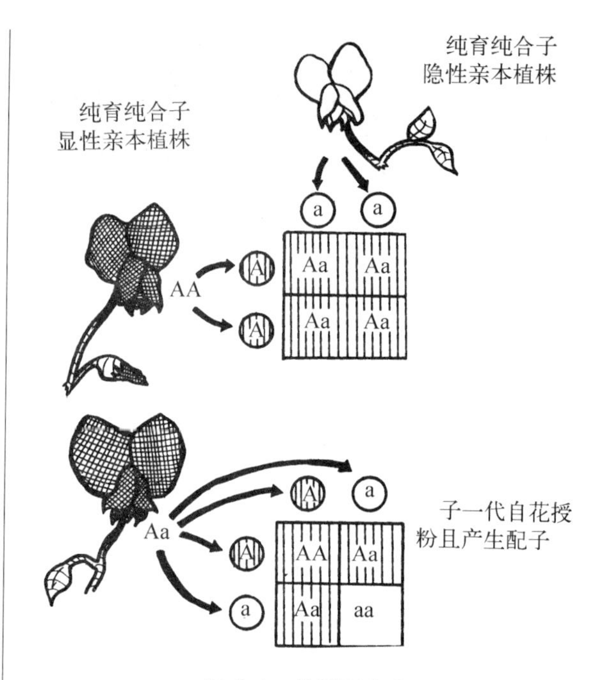

图 6.1 单基因杂交

9 高茎紫花
3 矮茎紫花
3 高茎白花
1 矮茎白花

基因分离定律

孟德尔认为,植株所遗传到的性状信息是由两个亲本各提供一个单位的基因决定的。为验证这一假设,他进行了很多单基因杂交试验。他将子一代的紫花豌豆植株与纯育的白花豌豆植株进行杂交。如果子一代的杂交植株的紫花性状是由纯合子控制的(即两个相同的基因控制一个性状),那么测交的子代应该都是紫花。如若子二代出现白花性状,则意味着紫花性状是由杂合子控制的。于是孟德尔总结出这样的定律:亲本的遗传单位在受精过程中一定是独立分离的。

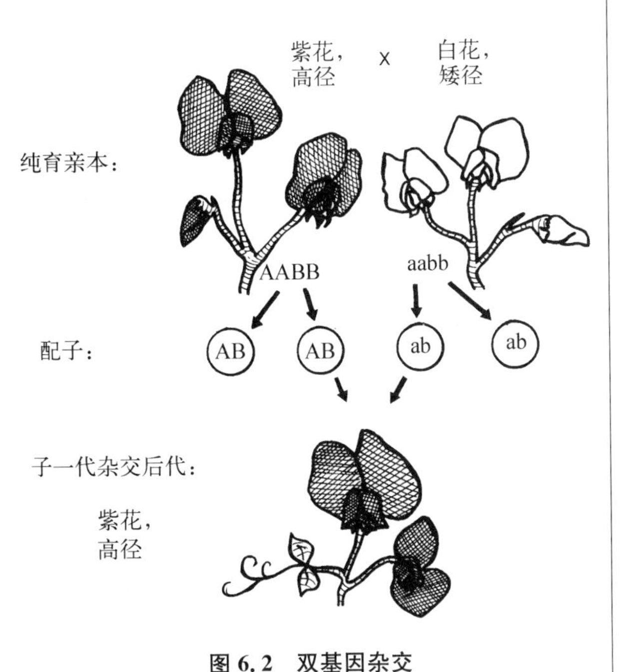

图 6.2　双基因杂交

托马斯·亨特·摩尔根(Thomas Hunt Morgan)在1910年创造了“基因”这一术语。他用果蝇进行了遗传实验。

孟德尔进行了4部分的假设:首先,他假设遗传单位的两种不同形式决定了性状的变化;其次,个体的每个性状都是由等位基因控制的,从两个亲本各获得一个;再次,如果等位基因不同,一个表现出来(显性),一个隐藏(隐性);最后,两个等位基因在产生配子的过程中发生分离。这些假设非常令人吃惊,因为他根本不知道什么是基因,更不用提减数分裂。孟德尔的基因分离定律已被证实。现在众所周知,双倍体细胞具有两套同源染色体,其中进行蛋白质编码的部分就是基因。在减数分裂过程中,每对基因的两个基因发生分离,最终进入到不同的配子中。

表6.2示需要了解的遗传学术语。

表 6.2　需要了解的遗传学术语

术　语	定　　义
等位基因(对偶基因)	指位于一对同源染色体的相同位置上控制着相对性状的一对基因
双基因杂交	对两个个体的两个性状的遗传进行跟踪
显性性状	杂合子个体中表现出来的性状
基因	特定核酸序列组成的遗传单位,能编码特定的蛋白
基因型	个体的基因组成
杂合子	组成一个基因的等位基因不同
纯合子	组成一个基因的等位基因相同
单基因杂交	对两个个体的一个性状的遗传进行跟踪
表现型	个体表现出的性状
隐性性状	杂合子个体中没表现出来的性状
测交	将特定性状基因型未知的个体与同一性状呈现纯合子隐性的个体杂交
纯育	有性繁殖后遗传性状与亲本相同生物

自由组合定律

孟德尔从双基因杂交的结果得出这样的结论:他之间追踪的第一个性状的两个遗传单位,与另一性状的两个遗传单位均被独立地分配到配子之中。我们知道这一理论可以用减数分裂的过程解释。减数分裂结束时,每一对等位基因都独立分离到配子之中。

孟德尔遗传学以外的理论

不完全显性

在不完全显性中，显性基因型没有在杂合子中得到完全的表现。于是表现型呈现介于显性和隐性之间的性状。对于这一概念，金鱼草就是一个极好的范例。若将纯合子的红花与纯合子的白花进行杂交，所有子一代均呈现粉花性状，这有一点像之前的“混合”理论，但事实并非如此。如将粉花金鱼草进行杂交，那么子二代的金鱼草将会呈现这样的表现型——红花∶粉花∶白花＝1∶2∶1。这也证实了不会出现性状的混合，否则不会出现红花的子二代。生物化学的研究表明，金鱼草的红花性状是由于红色色素的存在。在粉花中只有一半的红色素，而白花中完全没有。所以并不是红花和白花基因融合产生了粉花，而是粉花中只有一半的红色素。

共显性

有的时候等位基因会同时表达。你是否考虑过，血型的字母是怎么来的？人类血型由多个等位基因控制：A、B、O。在共显性中，杂合子中的两个等位基因都有表达。如果你从父母双方分别继承了 A 和 B 血型，你的血型将为 AB 型。A 和 B（抗原，即引起免疫反应的蛋白质）是由多糖（长链的单糖）决定的。多糖位于红细胞的表面。

人类的肤色是由多个基因决定的。三个基因对肤色有相同的影响。黑色素是一种黑褐色色素，分布在皮肤细胞中。多个基因共同控制人体细胞黑色素的含量。

单基因多效应

在一些例子中，一对等位基因的表达也会受到染色体其他部位的基因型影响，例如人体的色素沉着。不同的基因控制着头发、眼睛以及皮肤颜色。而受到白化病影响的患者，头发、眼睛和皮肤缺乏黑色素。在这些患者体内，缺乏一种酶，于是黑色素的合成受阻。白化病正是上位性（异位显性）的例子——一个位点的对隐性基因抑制了另一个位点基因的表达。

上位性的另一个例子表现在老鼠身上。黑色老鼠表现的颜色可以是显性纯合子或者杂合子的结果，棕色老鼠的毛色则是隐性纯合子表达的结果。为了表达黑色或棕色，老鼠必须在另一个位点具备一个等位基因，保证黑色和棕色色素能附着到皮毛上，如果缺失了这个基因，老鼠会表现出白色。

癌基因

任何能够导致癌变的基因都称为致癌基因。这些基因首次是在某些 RNA 病毒中发现的。癌基因可以改变正常基因的形式。任何细胞的变异都可能是由癌基因的突变开始的。如果 DNA 发生突变或者病毒 DNA 嵌入宿主细胞的 DNA（即病毒感染），都可能导致癌基因突变。紫外线辐射、X 线、伽马线、石棉以及香烟烟雾成分都可能导致 DNA 发生变化。癌症是一种多级变化过程，所以可能是多个癌基因共同作用的结果。如目前已经发现，3 个癌基因共同导致某些结肠癌。这些癌基因的产物使得细胞能够不受控地分裂。

人类基因组计划

人类基因组计划开始于 20 世纪 90 年代早期，由众多科学家跨国通力合作，共同完成人类所有基因的图谱绘制及测序。该工程已超计划完成，早于原定计划的 2005 年。基因组的 DNA 测序是该计划中最困难的工作。

拥有人类基因的完整图谱会带来巨大的潜在好处。它能让人类了解胚胎的发育和进化。基因序列的知识会对诊断、治疗，最重要的是预防某些疾病带来巨大的影响。

人类遗传学

常染色体与性染色体

男性和女性都有 44 条常染色体和 2 条性染色体。常染色体即除开性染色体以外的染色体。虽然只有两条性染色体，但是它们至关重要，决定了个体的性别。女性具有 XX 染色体，而男性则为 XY 染色体。Y 染色体比 X 染色体短。这些情况可以解释与性别相关的疾病。在通常情况下，男性 X 染色体上具备的性状在 Y 染色体上不会有对应的显性等位基因，因此会表达出来。Y 染色体上的等位基因控制着男性的性特征，如男性生殖器的发育以及第二性征（喉结的生长和毛发的分布）。Y 染色体上不会具备可能“抵消”X 染色体上隐性基因的性状，比如色盲。这样的疾病不常发生于女性后代上，但是该致病基因确实位于 X 染色体上，因此母亲也是致病基因的携带者。

在受精过程中，女性只能提供 X 染色体，男性可提供 X 染色体或者 Y 染色体，因此后代的性别只能由男性决定。

遗传模式

基因疾病都与有缺陷的等位基因相关，这些基因会编码出功能异常的蛋白质，或者不能编码蛋白质。有 3 类疾病和遗传模式相关：常染色体隐性遗传、常染色体显性遗传以及性染色体疾病。下面将逐一阐释。

常染色体隐性遗传疾病

常染色体隐性遗传疾病的携带者（杂合体）有 25%的概率生出有基因疾病的后代。杂合体可以呈现正常表现型。白化病就是一种非致命性常染色体疾病。患者外表偏白，由于眼球组织层缺乏黑色素，红色光可以从眼睛的血管中反射出来，因此眼睛呈粉色。患者缺失了酪氨酸酶，因此不能合成黑色素。白化病患者对于阳光中的紫外线特别敏感。

镰刀形细胞贫血症是非裔美国人中最常见的遗传疾病。在美国出生的非裔美国人，几乎 1/5 都患有这一疾病。它是由于血红蛋白中出现了单个氨基酸的替换，导致了畸形蛋白的产生。一个基因能有多个表现型的效果称为基因多效性，可以由镰刀形细胞基因说明。

镰刀形贫血症

1. 异常的血红蛋白结晶——红细胞改变形状
2. 红细胞分解＝虚弱、贫血、心力衰竭
3. 细胞凝结成块，血管阻塞＝疼痛、发热、脑损伤、器官损伤
4. 细胞在脾脏增加＝脾脏损伤

长期损伤

瘫痪　感染　风湿病　肾衰竭

当血液中的氧气含量过低，异常的血红蛋白会出现结晶，使红细胞呈现镰刀形。继而红细胞发生分解，凝结成块，阻塞毛细血管。脾脏需要进行额外的工作去掉这些崩溃的细胞，最终会损坏脾脏。于是会发生一系列的连锁反应。红细胞的分解引起机体虚弱、贫血以及心力衰竭。堵塞的毛细血管会导致疼痛和发热以

及心力衰竭，甚至损伤脑部以及其他器官。可采取输血等治疗方式。

> 由于镰刀形贫血症的患者都会早逝，那么这些基因的选择优势是什么呢？事实上，携带这些等位基因的人不易感染疟疾，这在非洲至关重要。在撒哈拉沙漠以南的非洲地区，有很多人携带镰刀形细胞基因，而这些地方也是疟疾的发生地。因此，具有镰刀形细胞基因杂合子的个体既不会死于这种疾病，也不会死于疟疾。

囊性纤维化病患者的细胞膜蛋白有缺陷或者发生缺失，而膜蛋白控制了质膜上氯化物的转运。患病症状包括肝脏、肠道以及肺部黏液增厚。这将导致细菌性感染。该病无法根治，但是可以通过输入脱氧核糖核酸酶帮助降解 DNA，从而降低黏液的黏性。黏液中的 DNA 是来自进入了呼吸系统并发生破裂的炎症细胞。在 1992 年之前，没有治疗该病的方法。唯一的方法是敲击患者的背部，以排出部分黏液。这些杂合子基因的选择性优势是什么呢？只有靠未来更多的研究才能告诉我们答案。

囊性纤维化是美国最常见的致命性基因疾病，1/1 800 的白种人会患有该疾病。

泰-萨症（黑蒙性白痴）在东欧犹太裔、法裔加拿大人以及阿卡迪亚后裔中更为普遍。该病患者在 5 岁左右就会死亡。患者出生时外观正常，在 6 个月大时出现症状，随后发育缓慢，最终丧失运动技能以及智力活动。患者丧失视力、听力、智力迟缓、瘫痪，最后无法对环境作出反应。泰-萨症患者体内缺乏氨基己糖苷酶 A，无法降解神经节苷脂（其会在脑内积聚）。杂合子是否具备选择性优势呢？目前未知。

常染色体显性遗传疾病

致命的显性等位基因比致命隐性基因要少得多。在绝大多数情况下，纯合子的显性致病基因个体会自然流产。软骨发育不全这种矮人疾病正是这样的例子。患病的个体有正常大小的头部和躯干，但是手和腿却很短。携带这种异常基因的个体通常在出生前就已死亡。

亨廷顿病是一种后发性致命常染色体显性遗传疾病。目前已经发现了缺陷基因的位置——在 4 号染色体的顶端。发病期在 35～40 岁左右，症状为神经系统的逐级退化。通常发病后 5 年之内患者就会死亡。

性染色体病

人类的 X 染色体比 Y 染色体要大得多。很多 Y 染色体基因编码的特征，只能在男性身上发现。大多数与 X 染色体相关（性相关）的基因在 Y 染色体上都没有相应位点，因此可以直接表达出来。色盲、血友病以及肌肉萎缩症都是性染色体病。

- 最常见的色盲是红-绿色盲。患者眼部的感光细胞发生障碍，使得患者无法识别红和绿的浅色调。
- 血友病患者缺失让血液凝结的蛋白。任何小的伤口都会致命，因为会导致患者流血致死。治疗方法包括为患者输入凝血因子。
- 肌肉萎缩症会导致骨骼肌肉逐步衰弱。疾病不会影响平滑肌组织。症状初步出现在幼龄儿童身上（约在 12 岁），患儿不得不乘坐轮椅。最后会在患者 20 岁左右，由于呼吸系统衰竭导致死亡。
- 性染色体影响的性状是基因在男性和女性之间区别表达而产生的性状。秃顶就是性染色体影响的性状，由两个等位基因控制。不同之处在于杂合子的情况——例如，杂合子的男性会秃顶，而女性则有头发。女性只会在出现同一基因呈现纯合子隐性的条件下发生秃顶。

染色体突变

染色体的结构或者数量发生变化时会产生染色体突变（见图 6.3）。突变既可以是自发的，也可以由环境因子引起，比如紫外线辐射、化学品和病毒。

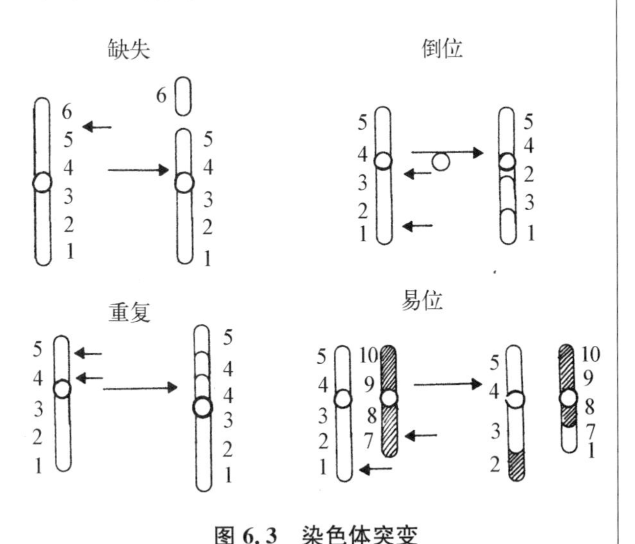

图 6.3 染色体突变

> 染色体的缺失会导致 DNA 片段的缺失。猫叫综合征就体现了这样的染色体结构突变。患病婴儿的哭声就像小猫的啼叫，由此得名。患儿头部偏小，面部容貌异常，智力迟缓，夭折于婴儿期。

染色体倒位并不会导致 DNA 数量的改变，而是会颠倒 DNA 某个特定片段的碱基序列。如果该片段的 DNA 进行复制，则会在细胞中产生多余的 DNA。

染色体易位涉及染色体片段的交换。常见的染色体易位出现于非同源染色体交换片段之时。在某些白血病中，9 号染色体与 22 号染色体交换了片段。一些唐氏综合征（先天愚型）患者的 21 号染色体就全部或者部分附加到别的染色体上。

染色体数目的变化

人类染色体的数目一般是 46。细胞进行分裂时，如果染色体或者姐妹染色体未能正确分离，则会导致错误的染色体数目。在第一次减数分裂时，如果同源染色体没有分离，而减数第二次分裂又正常进行的话，两个子细胞会具备多余的染色体，而另外两个则会缺少染色体。如果减数第一次分裂正常进行，随后在减数第二次分裂时出现染色体不分离（姐妹染色体发生错误），那么两个子细胞会具有正常完整的染色体，剩余的两个子细胞，一个具有一套多余的染色体，而另一个缺少一套染色体。

美国大约每 700 个孩子中就有 1 个患有唐氏综合征。患病原因是 21 号染色体的不分离。导致患儿的染色体数目为 47。患者的典型身体状况为：眼睛呈杏仁形、舌头远大于正常情况。患者通常智力迟缓，身材矮小，性发育程度低（通常不育），而且寿命偏短。患者容易患上呼吸道感染、心脏病、白血病以及阿尔茨海默病（早老性痴呆）。

性染色体也会出现不分离的状况。克兰费尔特综合征的患者有 47 条染色体（XXY），但是智商正常，只是男性性器官睾丸比较小，而且个体不育。

特纳综合征的患者是唯一能存活的单染色体人类。患者只有一个性染色体，染色体数目为 45。由于其只具有 X 染色体，所以表现型为女性。他们的性器官不会发育，因此不育；其第二性征也不会发育（比如男性的面部髭须），通常个体比平均身高矮。

小结

- 孟德尔研究了豌豆植株的繁育，跟踪其三代的基因性状。他的遗传学实验以及数学分析让他得出两个结论：基因分离定律和基因自由组合定律。由于减数分裂直到19世纪末期才为人所知，这两个结论非常令人惊异。
- 后来的遗传学研究揭示了孟德尔经典遗传模式之外的其他遗传类型。
- 在几种人类癌症中，已经发现了癌基因。人类基因组计划已经绘制了人类基因图谱。这项突破将会极大地帮助人类疾病的诊断、治疗以及预防。
- 有很多类型的基因缺陷，一些是常染色体隐性疾病（如镰刀形细胞贫血症），少数是常染色体显性疾病（如亨廷顿病）。
- 性染色体病，如血友病几乎只会在男性中出现。染色体的不分离会导致染色体数目的异常。唐氏综合征患者多了一条21号染色体。性染色体的不分离也出现在克兰费尔特综合征（XXY）以及特纳综合征（只有一条X染色体）之中。

第七章

7

基因的复制、转录和翻译

关键词

螺旋；　　转录酶；
脱氧核糖核酸；　　密码子；
基因组；　　核糖核酸；
肽

如果没有正确的食谱，你就无法做出美味可口的食物。自然为生命所准备的配方，或遗传信息也同此理。20世纪40年代的科学家所面临的正是当时世界上最令人费解的问题。那时，生物学家已经知道基因在减数分裂时会进行重组，也了解基因会世代相传。但是，携带着遗传信息的物质是什么，是DNA还是蛋白质呢？当时的他们还无法洞察遗传信息的秘密。现在，就让我们来看看这个秘密是如何被破解的。

发现遗传物质DNA

1869年，弗雷德里希・米歇尔(Frederich Miescher)第一次得到了提纯后的脱氧核糖核酸(DNA)。他将DNA从两种物质中分离：拥有较大细胞核的大马哈鱼精子细胞，以及从废弃的医疗绷带中提取的脓液细胞。

20世纪初，腓比斯・列文(Phoebus Levene)确定了某些核酸中的糖核酸。1929年，他发现了DNA中的糖脱氧核糖。这是十分重要的一步，因为它从化学成分上区分了RNA和DNA。列文进而指出，单个核苷酸由一个五碳糖、一个磷酸根，和一个氮基组成(见图7.1)。但直到20世纪40年代，埃德温・查哥夫(Edwin Chargaff)才得出各组成基的正确比例。如果这4种成分的数量相同，那么DNA的编码能力就会十分有限。

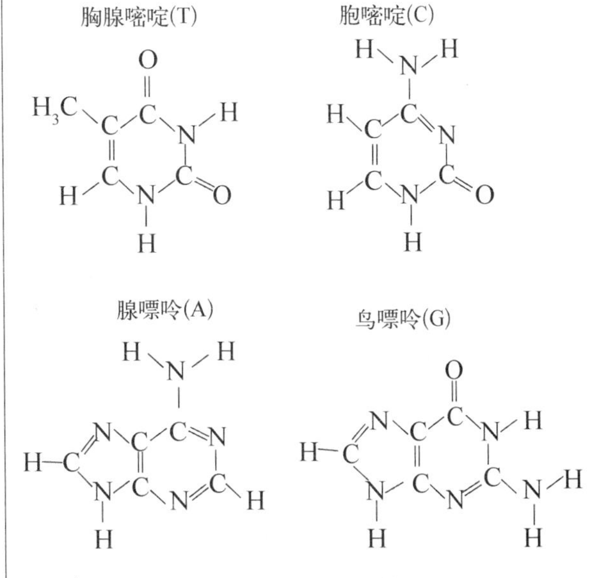

图7.1　DNA氮基

1923年，罗伯特・福尔根(Robert Feulgen)发明了能为正在细胞内进行减数分裂的DNA染色的技术。

1928年，弗雷德・格里菲斯(Fred Griffith)开启了用实验证明DNA是遗传物质的进程。他使用了两种类型的肺炎双球菌——一种圆形细菌。一种类型是含多糖荚膜的致病(产生疾病)菌，即S(表面光滑)型菌落；另一种类型则是不含多糖荚膜的非致病菌，即R(表面粗糙)型菌落。当他为小鼠注射S型细菌后，小鼠染肺炎而死。死鼠的尸体中还能提取出表面光滑的活性致病菌。这种细菌表面的荚膜能保护细菌不受小鼠免疫系统的攻击。当他为小鼠注射R型细菌时,小鼠仍然保持健康。这说明小鼠的免疫系统能摧毁这种细菌。此后,格里菲斯加热杀死了S型细菌并和R型活菌混合。将这个混合物注射给小鼠后,小鼠死于肺炎。死后的小鼠体内仍能发现表面光滑的活性致病菌。格里菲斯的实验表明,致病的S型肺炎菌内必定存在一种能使原本非致病性的细菌产生毒性的生化因子。格里菲斯虽然并不知道这种转化因子具体是什么,但他暗示这种物质绝不是蛋白质,因为蛋白质受热即会变性。

奥斯瓦尔德·艾弗里(Oswald Avery),科林·麦克劳德(Colin MacLeod),和马克林·马克卡提(Maclyn McCarty)验证了格里菲斯的实验。他们向培养基中的无荚膜细胞加入了有荚膜细胞的某种可溶性提取物。细菌的转变发生了!艾弗里、麦克劳德和马克卡提花了10年的时间才将这种物质提纯。通过加入蛋白酶或一种能干扰格里菲斯实验中DNA功能的酶,他们证明了DNA——不是蛋白质——才能传递毒性。将蛋白酶加入S型菌落并将细菌注射给小鼠后,小鼠死亡。而把脱氧核糖核酸酶加入S型菌落再将其细菌注入小鼠后,小鼠存活。1944年,艾弗里、麦克劳德和马克卡提证明了DNA正是转化因子。

> 艾弗里、麦克劳德和马克卡提的成果并未立即受到重视。为什么呢?因为他们都是细菌生物学家。许多人在当时仍然怀疑细菌研究的成果能否适用于更高等的生物体。这些人认为,这样的转化也许只是侥幸。最后,一些人还相信实验过程中存在某些能干扰实验的蛋白质污染物。科学的本质就是千方百计证明错误或者怀疑新观念。

赫尔希(Hershey)和蔡斯(Chase)的精妙试验实际上十分简单。他们的实验基于这样一个事实,即某些病毒的组成成分中只有DNA和蛋白质外壳。用这些微型病毒去感染体积更大的细菌后,病毒就接管了合成DNA和蛋白质的化学反应。赫尔希和蔡斯希望能确定到底是病毒的哪一个部分控制了病毒的这种特性。于是,他们准备了两组特殊的病毒。第一组病毒在充斥着放射性硫元素的环境中生长,这样一来,病毒的所有蛋白质都会被放射性元素标记,而病毒的DNA却不会被标记,因为DNA中不含硫元素。第二组病毒在充斥着放射性磷元素的环境中生长。病毒的DNA因此会被放射性元素标记,而病毒的蛋白质却不会,因为DNA富含磷元素,而蛋白质却不含磷。此后,他们用这两种病毒去感染两组不同群落的埃希杆菌(*E. coli*)。

感染成功后,赫尔希和蔡斯停止试验,并用搅拌器将所有细菌和病毒混合。此后,将匀浆离心,之后就会在离心管下部得到一层被感染的细胞。试管内其他部分充斥的是一种清晰的、无细胞的液体,即上层清液。有趣的是,病毒中的放射性硫元素全部存在于无细胞的上层清液体中,这表明了病毒的蛋白质并没有参与合成被感染的埃希杆菌。另一方面,病毒中的放射性磷元素全部存在于被感染的细菌中。这一结果第一次表明了进入细菌且使病毒大量再生的物质正是病毒的DNA。

DNA——双螺旋结构

所有线索逐渐成形。DNA作为真核细胞遗传物质的证据不断出现。你已经知道了真核细胞内的DNA在进行减数分裂前会使其DNA物质双倍增加。数量成倍增加的DNA

随后会平均进入子细胞。某一物种的二倍体细胞内的DNA数量是其单倍体细胞内DNA数量的两倍。1947年，埃德温·查加夫(Edwin Chargaff)为此提供了实验证据。他的实验证明，DNA的组成因物种而异。他发现了氮基的数量和比例在不同物质中并不相同。此外，他还发现每个物种中都存在规律的氮基比：腺嘌呤(A)的数目和胸腺嘧啶(T)的数目相同，而鸟嘌呤(G)的数目和胞嘧啶(C)的数目相同。

20世纪50年代早期，莫里斯·威尔金斯(Maurice Wilkins)和罗莎琳德·富兰克林(Rosalind Franklin)利用X线衍射技术探测DNA。这些X线衍射图像清楚地显示了核苷酸内存在着某种规律的结构。

1953年，詹姆斯·沃森(James Watson)和弗兰西斯·克里克(Francis Crick)终于将DNA的拼图碎片整合完成。他们提出了DNA的双螺旋结构。这种模型是唯一能够支持所有实验数据的分子结构。与威尔金斯(Wilkins)和富兰克林(Franklin)的X线衍射图谱比对后，沃森和克里克得出DNA呈宽度统一为2纳米(nm，是米的10亿分之一)的双螺旋结构的结论。嘌呤(A和G)及嘧啶(T和C)以0.34纳米的间隔堆积，且每隔3.4纳米在其总长上就有一个完全的旋转。单个螺旋上有10层成对的氮基。从各方面看，沃森和克里克提出的DNA模型都和已知的数据相符。碱基互补配对原则(A和T、G和C配对)和已知的DNA成分相符。两条螺旋由碱基之间的氢键连接。秘密终于被公诸于世！

1962年，沃森、克里克和威尔金斯因发现DNA的结构而荣获诺贝尔医学奖。

DNA的复制

考虑到DNA作为生命基本结构的重要意义，一个很清楚的事实就是DNA必须在细胞之间进行精确的复制。为确保DNA的复制正确进行，过程中有许多的控制手段和规范规则。当然，这意味着需要大量不同的酶和蛋白质的参与，而这些参与又使这个过程更加复杂。但总的来说，整个过程大致有3个高度结构化的主要步骤：起始、延长和终止。

一组特定的蛋白质以解开DNA的阶梯结构开启了DNA的复制过程。随着DNA的不断解旋，DNA被一分为二，并暴露出每一级台阶，而其中包含的4个核苷酸基(包括腺嘌呤、胸腺嘧啶、鸟嘌呤和胞嘧啶)及核苷酸基上所含有的遗传信息也同时暴露出来。随着核苷酸基的暴露，DNA聚合酶使暴露的核苷酸基互补配对。腺嘌呤总是和胸腺嘧啶配对，而鸟嘌呤总是和胞嘧啶配对。遵循这个原则，DNA聚合酶在构建新的DNA链时总能加入正确的核苷酸。DNA延长的过程快到能1分钟内，在单细胞生物中产生500个核苷酸，或者在几小时内复制全部的人类基因组，即大约60亿个核苷酸！而平均完成10亿个核苷酸配对才可能出现一个错误(见图7.2)。

基因的特殊结构决定了我们只能从一个方向"阅读"基因，即从起始端，即我们所谓的3′点(代表开初的小符号)，读到结束端，即我们所谓的5′点。DNA的两链互相配对后，一条链的3′点必定和另一条链DNA的5′点配对。这种结构十分稳定，但是这样的结构也决定了DNA双链的方向必然相反。方向上的不同带来了一个重要的结果，即DNA分子聚合酶在链条上同样朝着相反的方向运动。DNA聚合酶只需"读出"模板链条上从3′点到5′点的方向，因为

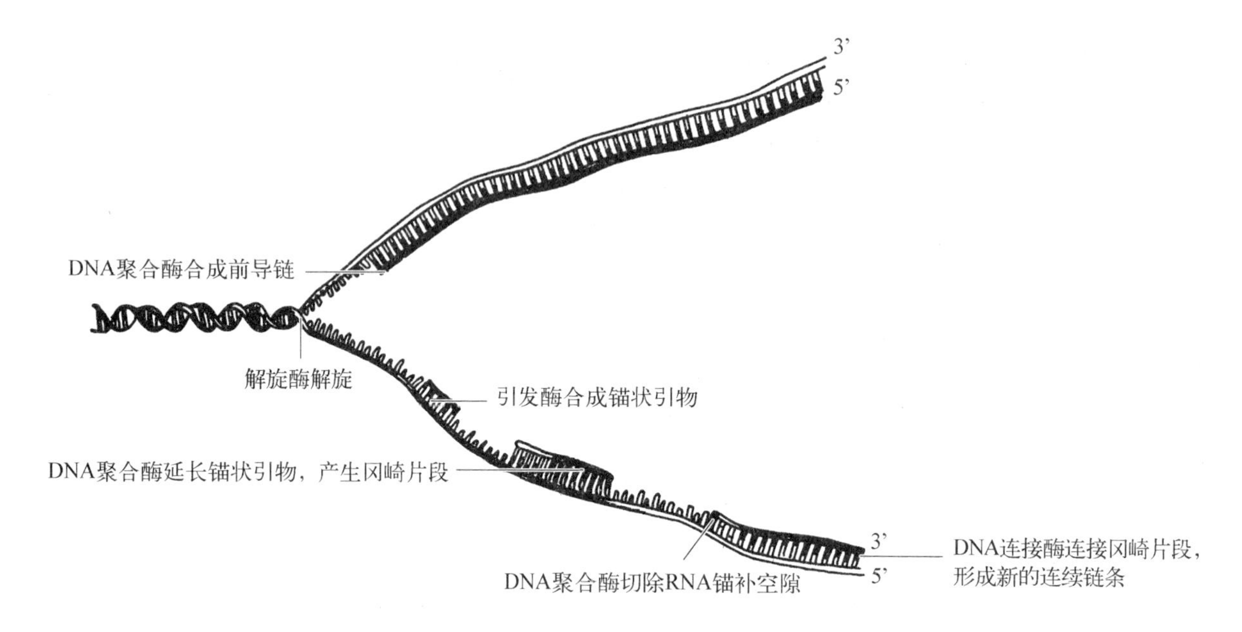

图 7.2 DNA 的复制

这个方向代表了两条链延长的不同方向。因为DNA 的一条链总是从 5′点走向 3′点，而这一部分的 DNA 就以冈崎片段的形式延长，[冈崎片段因令治·冈崎(Reiji Okazaki)而命名，他在1968 年发现了这种形式]，此后它们会被一种叫做 DNA 连接酶的酶连接。当 DNA 的双链都完成延长后，这个过程就会结束，同时新生的 DNA 链条会在终止这一进程中完成拼装。最后的结果就是，DNA 所携带的遗传信息一个不漏地完成了复制，因而新生的细胞就会拥有生命所需的一切遗传信息的副本。

DNA 的转录

DNA 中所包含的信息是一套指导身体合成蛋白质的指令(类似一个电脑程序名录)。这些指令被储存在被称为基因的核苷酸序列中。基因可长可短，它们以大量复制的形式存在于 DNA 的不同位置，并在 DNA 的转录过程中被完全复制(见图 7.3)。大多数情况下，这个过程的目标只是复制单个基因上的信息，而后将复制后的产品运送到细胞质的特定结构中，而细胞质就是蛋白质的合成场所。在有细胞核的真核细胞中，DNA 信息的破译正是发生于细胞核内。

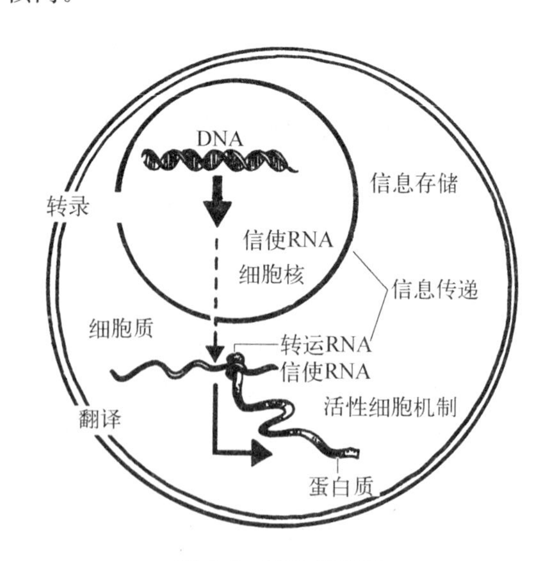

图 7.3 转录和翻译

DNA 的转录过程与 DNA 的复制过程相似，都有 3 个基本的步骤：起始、延长和终止。但是，同 DNA 的复制不同，转录的最终产品是一个单链的核糖核酸分子。与 DNA 相似，RNA 也含有腺嘌呤、鸟嘌呤和胞嘧啶。但 RNA 不含胸腺嘧啶,而是含有核苷酸尿嘧啶。

RNA 主要分为 3 类。大部分基因转录后形成的是 mRNA(信使 RNA),其作用是搬运蛋白质合成密码。另一些基因转录后形成 rRNA(核糖体 RNA),这是核糖体的主要成分,而核糖体是细胞液中专门生产蛋白质的工厂。还有一些基因转录后产生 tRNA(转运 RNA),转运 RNA 也与蛋白质的合成有关(见“DNA 的翻译”)。

在模仿过程中,某个基因一旦被选中,组成基因的 DNA 便在一系列酶促反应中暴露,使得 RNA 合成酶能够和起始点连接而读出基因,这样就形成了起动位点。此后,RNA 合成酶将 DNA 的双链分离或解开,与此同时,也将一条 RNA 单链通过延长的过程与 DNA 链合成。

RNA 中的“R”代表糖核糖,为 RNA 所独有(与此相对,DNA 中的“D”代表脱氧核糖核酸)。

基因的末端通常有一段特殊的结束序列。当达到这一序列时,RNA 合成酶停止活动,DNA 的两条链重新聚合,并与 RNA 分离。通常,此时的 RNA 在进入蛋白质合成阶段前会经历一个优化的过程。比如,去处多余的及游离的指令,或者加入能在合成过程中使 RNA 更加稳定的序列。另一些优化则能影响 RNA 在细胞中的运动,或运动的时间等。事实上,许多类似的优化至今仍是个谜,因为我们并不知道这些变化的作用。当 RNA 的优化完毕后,RNA 就能进入下一个阶段:DNA 的翻译。

DNA 的翻译及遗传密码

DNA 的翻译就是将信使 RNA(mRNA)在 DNA 转录过程中所得到的信息转移到蛋白质的过程(图 7.3——转录和翻译)。这一过程发生在核糖体的表面,细胞核内的特殊结构,然后进入细胞质。核糖体由一大一小的两个部分或子单位组成。正常的核糖体内会同时包含这两种单位。核糖体所处的位置也十分重要。在细胞质内发生的蛋白质合成反应中,核糖体处于细胞质内。对于细胞外发生的蛋白质合成反应来说,核糖体则附着在内质网表面,而内质网是细胞内的特殊管状结构。和 DNA 的复制和转录相似,DNA 的翻译也有 3 个基本步骤:起始、延长和终止。

起始阶段从 mRNA 分子与核糖体较小子单位的融合开始。每个 mRNA 分子都包含一段特殊的序列,即起始密码子(一个由腺嘌呤、尿嘧啶和鸟嘌呤构成的序列)。它的作用类似于“令旗”,可提示翻译过程必须从何开始。一旦这个序列被发现,一种特殊的转运 RNA(tRNA)分子,即起始 tRNA 就会依附上去。这种 tRNA 携带着氨基酸蛋氨酸,进而形成了新生蛋白质的第一个氨基酸。当起始型 tRNA 和 mRNA 及核糖体较小子单位合成后,核糖体的较大子单位也会加入,共同组成蛋白质的生产机器。当所有成分就位后,起始阶段即告完成,接着就会进入延长阶段。

延长阶段的每一步里,新生蛋白质中都会有一种氨基酸形成。在每种新形成的氨基酸中,核糖体复合体都会在 mRNA 分子中严格按照三大碱基的顺序移动。

3 个碱基代码形成的每个序列都只对应一种氨基酸。这个使三大碱基与各自的氨基酸对应的代码,或密码子,就是遗传密码。

每个密码子都只与一个tRNA对应，而每个tRNA也只与一种氨基酸对应。因此，如果有20种不同的氨基酸，那么至少有20种不同的tRNA与之对应，每种tRNA对应一种氨基酸。这就意味着，不同种类的密码子可以为同一种氨基酸编码，因此遗传信息中存在冗余的现象。但是，这种机制仍十分有效，并且能准确地将基因中的密码子翻译为蛋白质的核苷酸序列。每当一个密码子和其对应的tRNA配对时，tRNA所携带的氨基酸就通过形成一种高强度的共价键，即肽键而进入正在生长的肽链中。当每个氨基酸都进入肽链后，核糖体单位便将mRNA移动到下一个密码子，形成下一个氨基酸。如此反复，密码子上所有的mRNA序列被依次读出，最终合成新的蛋白质(见图7.4)。

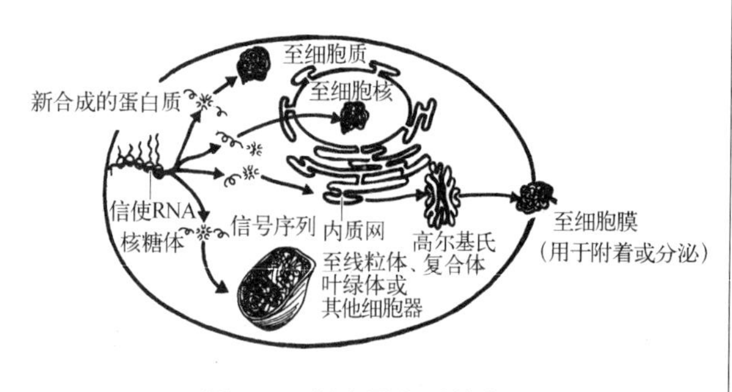

图7.4 新生蛋白质的去向

> 有时，在核糖体单位转移mRNA后，另一个核糖体复合体同时就在这个mRNA上形成。这些多余的核糖体，即多核糖体，使得单个mRNA分子能够同时进行蛋白质的多次复制。

每个mRNA分子的末端都是特殊的核苷酸序列，即终止密码子(stop codons)。这些密码子一般以尿嘧啶作为起始(尿嘧啶——腺嘌呤——鸟嘌呤，尿嘧啶——鸟嘌呤——腺嘌呤，和尿嘧啶——腺嘌呤——腺嘌呤)，它们是mRNA释放多肽、tRNA和核糖体子单位的标志。此后，多肽可以通过切除部分氨基酸，加入糖类或脂质，以及加入有侧基的碳原子或磷酸盐等方式被优化。在这些优化方式中有许多会决定蛋白质分子的折叠方式，蛋白质与其他蛋白质的结合方式，或蛋白质的特有形态等。另一些优化方式则能规范蛋白质在细胞内部的运输与储存。总之，这些在翻译过程后所进行的优化方式对于确立蛋白质在细胞内的位置和功能至关重要。

重组DNA及生物工程

来自不同生物体的DNA序列中的DNA分子在实验室内被重新组合后所得到的DNA叫做重组DNA。重组DNA通过向较大的DNA分子注入(拼接)目标基因而形成。病毒和细菌质粒是携带外来基因进入主体细胞的常用载体。DNA重组的可能性几乎是无限的，因为一切生物体用于组成DNA的成分都是相同的。

这项科技带来了一系列成果：能刺激人体免疫力抵御致病病毒或细菌的疫苗；能抵抗病毒感染并增强免疫系统功能的干扰素；能促进血红细胞再生的促红细胞生长素。促红细胞生长素还被用作治疗贫血症并为因癌症而接受化疗的患者增加血细胞数量。猪因为外来的生长激素变得消瘦，但鼠却因为携带鼠类生长激素而变大。

> DNA常常是刑事司法系统的无声见证者。一项被称作聚合酶链反应(PCR)的技术被广泛运用于以酶促反应来扩大基因。这项技术可以将DNA的某些片段放大，也可以从极少量的DNA样品中复制出大量的DNA。这个过程在犯罪侦查中被用于确定或排除测试者的嫌疑。聚合酶链反应能根据衣服等物体上的一小块干血迹而生产大量的DNA。对于聚合酶链反应来说，犯罪现场留下的一小块发囊样品就足以提供其所需要的DNA。

小结

- DNA 作为遗传物质的发现历经几代科学家的努力。赫尔希和蔡斯成功证明了遗传物质是 DNA,而不是蛋白质。沃森和克里克通过解读有关 DNA 分子的科学数据而确立了 DNA 的结构。
- DNA 是以脱氧核糖核酸为骨架,包含一个磷酸根组,且以含氮碱基作为基础的双螺旋结构。碱基之间由氢键连接;腺嘌呤和胸腺嘧啶固定配对,而鸟嘌呤和胞嘧啶固定配对。
- DNA 的复制为半保留复制。螺旋的两条链首先需要解旋,之后每条链都作为新生 DNA 链的模板。每个基因都由一段线性的核苷酸序列构成,而核苷酸则决定了蛋白质内氨基酸的线性序列。转录和翻译所完成的就是这一过程。
- 在转录过程中,基因序列上的信息被编码进 mRNA 分子中。mRNA 对 DNA 是一种补充,而它在完成分子优化后会离开细胞核。mRNA 由一系列密码子构成——每一个密码子都包含 3 个碱基。除 UAG、UGA 和 UAA 之外,所有密码子都对应某种氨基酸,而这 3 个密码子是肽链合成过程的终止标志。
- 在翻译过程中,mRNA 的密码子是合成特定多肽的基础。翻译在核糖体内发生,这个过程还涉及携带必要氨基酸的 tRNA。
- 信使 RNA 是信息的携带者。它将遗传信息从 DNA 搬运至核糖体。这个信息决定了蛋白质的基本结构。转运 DNA 在蛋白质的合成过程中担任修改者,它将信息从一处(mRNA 核苷酸序列)翻译到另一处(蛋白质氨基酸序列)。核糖体 RNA 在核糖体中具有结构性功能并可能与酶促反应相关。
- 生物技术革命是以基因技术的突破发展为基础的。重组基因为我们提供了许多有用的产品。聚合酶链反应在法医物证学中的重要地位也因此而巩固。

第八章 8 进　化

关键词

接合子；　适应；　生态位；
生物多样性；　突变

为什么我们与众不同？为什么有些动物长角，有些动物长爪？为什么有些物种灭绝了，有些生存了下来？查尔斯·达尔文(Charles Darwin)可能也思索过同样的问题，并且他给出的答案为现代生物学奠定了基础。其理论问世之时，受到了公众的极大关注，并对科学界产生了巨大的影响。让他始料未及的是，自那以后，人们不断精炼、发展、检验和研究其理论。

前达尔文时期的观点

约公元前300年，希腊人就推断：生物的形态与其功能相关。这种观点的主导地位一直维持到了1769年。当时瑞士自然学家查尔斯·博内(Charles Bonnet)提出：周期性的灾难会影响整个地球，每场灾难过后，生命将重新繁衍。他是第一个用进化一词来解释形成生命形态多样性的人。1809年，拉马克(Jean-Baptist Lamark)提出个体生物的出现是随机的，进化让生物变得更加复杂。但由于个体一生的进化对生殖细胞和后代没有影响，他的这一观点后来遭到驳斥。

查尔斯·达尔文

英国贝格尔号舰

1831年，查尔斯·达尔文以自然学家的身份乘英国贝格尔号舰(H. M. S. Beagle)开始了长达5年的环球航行(见图8.1)。其间，达尔文做了大量的笔记，并在沿途搜集了各种标本带回伦敦研究。1844年，他撰写了《物种起源》。内容很简单，即：进化确实存在，进程是缓慢的，需要几千年甚至几百万年的时间；进化通过自然选择发生；通过特化作用，一个单一的生命体逐渐演变为地球上形形色色的生命。

在达尔文登上贝格尔号前，大部分人都相信动、植物种类是一成不变的。达尔文知道自己的观点将面临质疑和挑战，因此，10多年以后即1859年，达尔文的《物种起源》(全名《物竞天择、适者生存之物种起源论》，*On the Origins of the Species by Means of Natural Selection*)出版。

在19世纪的英国，达尔文的观点受到了很多人的质疑。因为那时宗教信仰"神创论"，认为人类列于众生之上，而达尔文的进化论正是对这种认识的极大挑战。这一争议虽然时至今日依然僵持不下，但进化论经历了严苛的检验。要证明其正确很困难，但也从没有人能证明它错误。

英国生物学家阿弗雷德·华莱士(Alfred

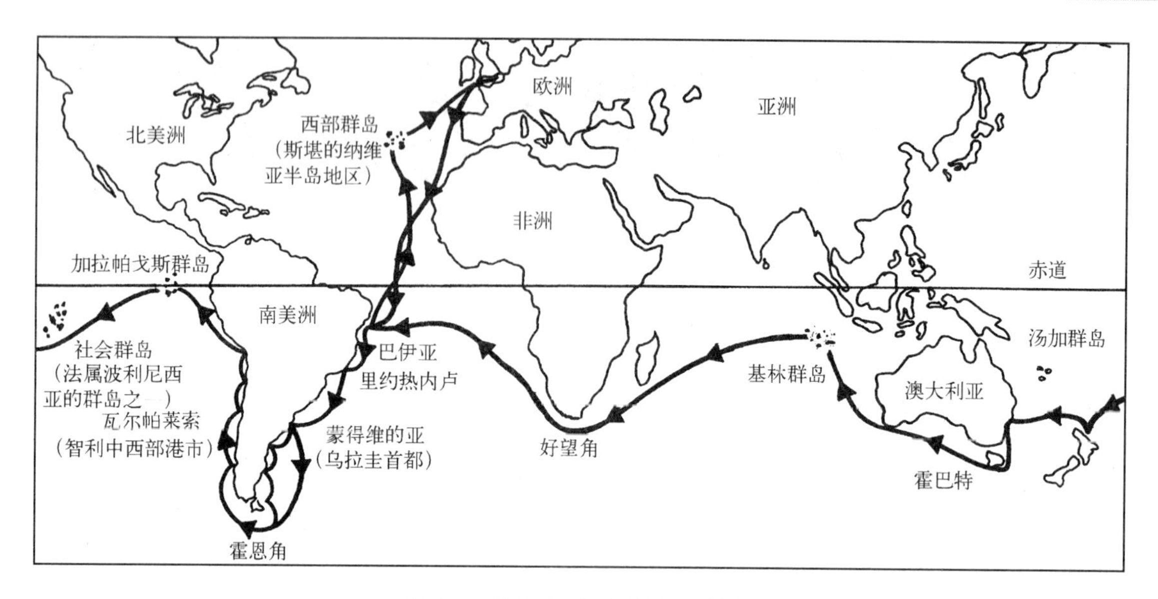

图 8.1 达尔文乘坐贝格尔号航程

Wallace)形成了一套与达尔文进化论相似的理论。两人同意于1858年同时公开发表论文,并认可达尔文为首先发现这一理论的人。

自然选择

自然选择是进化论的核心。在达尔文的航程中,有很多东西让他着迷,其中让他最不可思议的就是他在南美洲西海岸加拉帕戈斯群岛(Galapagos Islands)观察到的地雀。后来发现,这些地雀分属于不同的种类。它们不会杂种繁殖。虽然生活的地缘位置相近,但每种雀都有适应自身生活环境的特点。

物种在生殖上与其他相似群体相互隔离(是由只能在特定群体内繁殖的个体构成)。一个群体内能很好适应其生存环境的生物比其他生物更有优势。这样的生物生存概率更大,繁殖成效更高,更容易将遗传物质传递下去。例如,假设在一个岛上,长喙的鸟更容易获取食物,那么喙长就将成为该环境中的一个优势,也将成为异性择偶的一个重要标准。一个个体繁殖和延续有利性状的能力与生存能力本身同样重要。

自然选择基于4个重要的认识:

- 群体中有变异。
- 有些变异是有利的。
- 每一代中,不是所有的幼体都能存活。
- 能够生存和繁殖的是那些进行有利变异的个体。

达尔文发现,在种群稠密的加拉帕戈斯群岛上,生活位置相近的雀类本可以,但却并没有杂种繁殖,这使他非常好奇。是什么让这些种群在生殖上相互隔离呢?

基因流动和漂变

基因流动发生于新的生物迁入已有种群的情况下。混合种群的交配增加了当地基因库中的等位基因。基因漂变发生在仅因为偶然因素,导致等位基因频率变化的情况下。进化通常始于长时间等位基因频率的变化。

虽然总体来讲，基因漂变的概率不受群体规模的影响，但由于小群体内变数较小，因此影响更大。

遗传选择

稳定化选择

自然选择通过几种方式影响一个群体。其中，第一种方式便是稳定化选择。这一过程将会淘汰趋于两极的个体，也就意味着那些具有最高生殖成效的个体将会趋中，以此来保持现状。这听起来并非绝对公平，但却非常普遍。死婴更容易发生于出生时过重或过轻的婴儿中便是一个不幸的例证。

定向选择

一个种群也可能处于这样一种情况，即在种群中，极端类型的个体适应度更高。例如，假设在一个以种子为食的鸟类种群间，个别个体的鸟嘴比一般个体稍大，稍坚硬。假设在一场严重持久的旱灾中，只有那些结实大而坚硬果实的植物幸存下来。此时，那些鸟嘴柔软以及大多数拥有普通鸟嘴的个体便不能找到充足的食物。它们可能灭绝，繁殖也将中断。拥有大鸟嘴的个体便能继续繁殖，将这一性状传递给后代。旱灾结束后，群体的数量将重新增长，但此时大鸟嘴的个体将占据优势。

分裂选择

多种表型中，极端表型的适应度大于中间

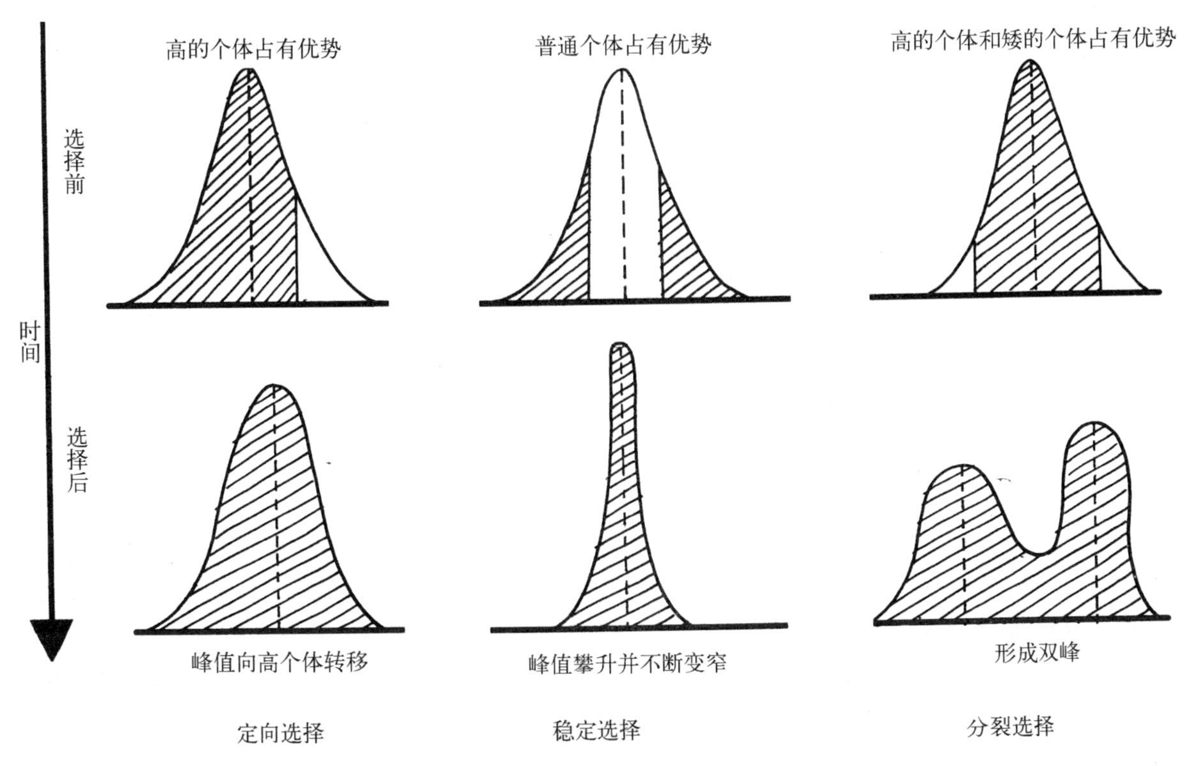

图 8.2 自然选择的三种模式

型表型的适应度,就叫分裂选择。

例如,有些抗寒物种,比如某些草类,可以在土壤被污染的矿藏区生长。它们能形成对有毒金属的抵抗性,但与此同时,它们在无污染土壤中的生存能力不断下降。因为草是风媒传粉,有抵抗性和无抵抗性的品种不断杂交。然而,生长在被污染土壤上抵抗力弱的品种和生长在无污染土壤上抵抗力强的品种死亡率都很高。这将导致原来种群不断分异,形成保留各自极端性状的亚种群。这样,原来的基因库就有可能分化成两个不同的基因库,一个新的物种就有可能逐渐形成。

自然选择的三种模式(见图 8.2)。

哈迪-温伯格平衡定理

1908 年,3 位数学家[卡斯特、哈迪和温伯格(Castle, Hardy, Weinberg)]证明随机交配本身不能改变等位基因频率。哈迪-温伯格平衡定理称,在一个大的种群内,个体必须随机交配,而且没有迁入、迁出、突变和自然选择,此时种群内等位基因频率从上一代到下一代将保持不变。这一理论很重要,因为它表明,随机交配本身并不能引起进化。

另一方面也说明,进化的确是由非随机交配引起的。这种交配也叫选型交配。这就将繁殖限制在群体中拥有某些有利性状的成员间,如最强壮的公熊或是有黄冠的雄鸟。

如果雌性选择竞争中"获胜"的雄性(比如鹿),那么只有少数雄性能将基因传给下一代。达尔文认为这就是性选择而且会引起进化。

物种形成的模式

一个物种演变为一个或多个物种,或者生物多样性增加,就叫做物种形成。一些生物学家认为这是理解进化的关键。生物形成主要有以下 3 种模式:

- **异域种化:** 是指由外部的、物理的障碍造成的生殖隔离。当一个种群被分为两个或若干小群体,而且它们不能相互接触,就会出现异域种化现象。这两个群体的基因库互不干扰地发生变化,到最后,即便是这两个群体再次被放在一起,也不能再杂交繁殖。在地理分隔过程中,地理或物理障碍会造成这种隔离。在奠基者效应影响下,会发生群体被隔离到一个新地理区的稀有情况,此时,它们与亲本群体的联系就非常有限了。
- **邻域种化:** 是指在连续分布的物种中,地理位置相邻的种群间的生殖隔离。通常,这种情况都是因为环境的巨变。
- **同域种化:** 是指在随机交配群体中形成生殖隔离。换句话讲,即在两个亚种群之间,没有地理隔离的前提下,发生了生殖隔离。这其中的一个例子便是寄生于同一植物的昆虫,如果其中一部分更换了寄主植物,那么,即使仍然邻近,它们也不会与寄生于原植物上的昆虫交配繁殖。

如果生殖隔离没有完全形成,或者效力很弱,两个物种或种群相互接触并交配,就会发生杂交。两个种群基因交叉产生的物种既具备原来种群的性状,也会出现一些新性状特征。

进化的模式

通过前面提到的各种进程，进化可以形成新的物种。新物种的形成可以有不同的方式，包括适应性辐射、趋异进化、趋同进化、平行进化和共同进化。

- **适应性辐射**是指多个物种是由一个同源物种进化而来的进化模式。在一个物种成功占领竞争较小的被隔离地区时，通常会出现这种进化模式。只要是新环境能够提供的环境，新物种都会进化去适应这些生态位。
- **趋异进化**是指两个或两个以上相关的物种变得越来越不同的进化模式。这其中的一个例子便是赤狐和沙狐间的差别。红色的赤狐可以融入农田和森林，沙土色的沙狐生活在平原和沙漠中。虽然形态结构的相似表明两种狐狸源于同一祖先，但为适应不同的环境，两种狐狸间出现了差异。
- **趋同进化**是指两个不相关的物种，为适应相同的生活环境，变得越来越相似的进化模式。生活在沙漠中不同种类的植物便是一个例证。肥厚的茎干上都长满了刺，不仅可以储存水分，还可以抵御捕食者。即便不是同种植物，沙漠中的很多植物都有这些特征(见图 8.3)。
- **共同进化**是指两个或两个以上相互作用密切的物种共同发生变化，例如植物和帮助它们授粉的动物。热带地区的蝙蝠吸食花蜜，花粉便附着在蝙蝠脸和颈部的绒毛上，并被蝙蝠传播到其他花朵上。蝙蝠有细长的鼻口，长长的舌头，舌尖有刷毛，这些特征可以帮助蝙蝠进食。与蝙蝠一起进化的花颜色较浅，便于蝙蝠寻找，而且还会散发出果味，吸引蝙蝠。

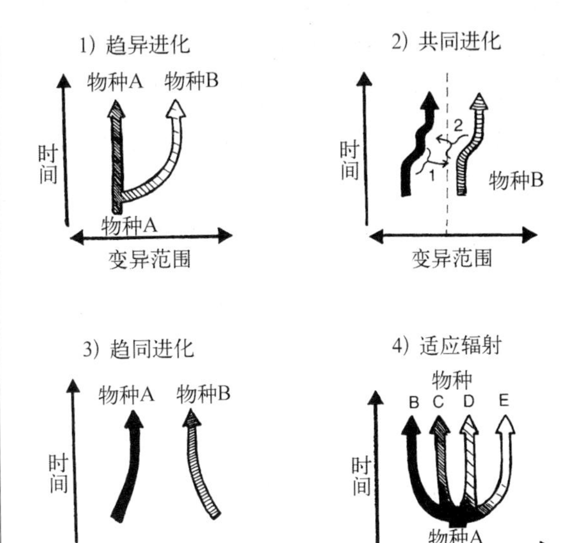

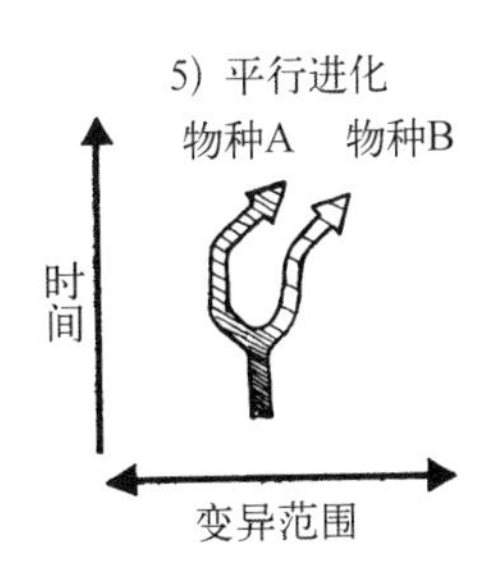

图 8.3 进化的模式

- **平行进化**是指因为环境相似，不相关的生物形成相同的特征或变化。它们不一定非在一个栖息地中占有相同的生态位，但是能互不干扰地独立进化，保持一定程度上的相似性。亚洲的巨蟒和南美洲的王蟒便是一个例子。

物种灭绝

据科学家估计，今天全球有 300 万～500 万不同的物种，但是，曾经生活在地球上 99% 的物种已经灭绝了。物种灭绝是由于各种原因所导致的生物多样性减少。或许是因为物种栖息地消失。在容易猎食的地方，捕食者会出现或者迁入。海平面的变动让物种杂居。一个物种可能对另一物种所携带的疾病没有抵御能力。

> 有些物种能够在地球上长期生存，有些物种存活时期却非常短。假定环境保持相对恒定，一个适应型强的物种可以无限期地存活下去，比如说某些昆虫。

在地球历史上出现了几次大规模物种灭绝的时期，比如在2亿5千万年前的二叠纪末期。这一时期与泛大陆II期重合。此时，由于板块构造运动，世界上所有的大陆重新连为一体，这一变化导致全球海平面骤降。

约6 500万年前，也就是在白垩纪与第三纪的交接期，恐龙灭绝。这可能是由于大规模环境的巨变，也为与恐龙同时生存的其他小型哺乳动物打开了一个机遇窗口。它们逐渐适应恐龙留下的生态位，开启了哺乳时代。

小结

- 19世纪中叶，查尔斯·达尔文乘坐贝格尔号舰完成全球航行，随后发表了《物种起源》。他的物种随时间进化的观点革新了科学，变革了人们的思想。
- 自然选择表明，种群中存在变异，有些变异是有利的。拥有有利性状的个体才能生存，并通过生殖成功地将这些性状传承下去。
- 达尔文的研究同样证明，发生在受精前和受精后的机制都能预先决定一个个体是否能够存活。
- 进化是通过突变、重组、基因流动和基因漂变实现的。
- 物种的形成是通过生殖隔离，由单一物种演变为另一个或多个物种的过程。
- 进化模式包括适应性辐射、趋异进化、趋同进化、共同进化和平行进化。
- 在过去的数百万年间，灭绝的物种数不胜数。同时，也不断有新物种进化产生。生物多样性是指生命形态的丰富多样。在有些物种也灭绝的同时，其他的物种在不断进化。正是生物进化保证了我们地球上多姿多彩生命的存在。

第九章 9 生命的多样性

关键词

病原体；衣壳；壳粒；
带菌者；疟原虫；菌丝；
木质部；韧皮部

人类已经实现了月球漫步，战胜了无数疾病，学会了用多种方式来控制和利用化学元素。动物也不断进化，能以极快的速度奔跑，能在天空中翱翔，在大海中畅游。这一切都始于约30亿年前一种叫做原核生物的微小单细胞有机体。

原核生物对于地球来讲必不可少主要有以下几方面原因。一些原核生物可以进行原始的光合作用，另外的一些是分解者，能够分解有机物，将营养物质重新释放到环境中。

古细菌和真细菌

根据基因序列的巨大差异，原核生物被分为古细菌和真细菌。古细菌进一步可分为3门，它们主要生活在几乎没有其他生命的极端环境中。在深海底或者是火山口可以发现它们的身影。通常它们都是厌氧性的（在无氧条件下生存）。

- **产甲烷菌**是指产生甲烷的细菌。它们生活在沼泽、污水及废物填注池中。
- **嗜盐菌：**只能生活在高盐度的水体中，比如犹他州的大盐湖，中东地区的死海或者是其他高盐度地区。
- **嗜热嗜酸菌：**生活在高温、高酸的硫磺泉中。它们可以在华氏230度（110℃）的高温和pH值低于2的高酸环境下生存。

真细菌的生存场所比古细菌多样。它们可以寄宿在我们身体上，食物中，遍布家中的每个角落。

- **异养菌：**可以以寄生方式存在，从其他有机体上吸取营养；也可以以腐生方式存在，以死去的生物或有机废物为食。作为分解者，它们在营养物质的循环中扮演了重要作用，其分解的物质可以供新生物或现有生物使用。
- **自养菌：**是真细菌的另一种形态，能够通过光合作用自己制造食物。它们生活在池塘、湖泊、溪流和其他一些潮湿的地方。因为它们由细菌细胞链组成，不符合原核生物均是由单核构成这一规则，这也为细菌是植物祖先这一论点提供了依据。
- **变形细菌：**是最大的细菌类之一。它们被分为肠杆菌、化合自养菌和固氮菌几个亚群。
- **化能自养菌：**属于化合自养型，能以化学合成的方式分解物质——比如硫和氮化合物——并从中获取能量。这对许多生态系统都很重要。其中一种化合自养菌能将大气中不稳定的氮固定为最容易被植物吸收和利用的氨。

- **肠杆菌(Enteric bacteria)**，如埃希杆菌(*E. coli*)，主要生活在动物的肠道。

表 9.1 示三种生物领域的分类标准

表 9.1　三种生物领域的分类标准

	细菌和古细菌	真核生物			
		原生生物界	真菌界	植物界	动物界
细胞复杂程度	单细胞原核生物	多为单细胞真核生物	多为多细胞真核生物	多细胞真核生物	多细胞真核生物
营养异样类型	自养生物或异养生物	光能自养型生物或异养生物		异养生物	光能自养型生物(通过摄食)
能动性	有时通过鞭毛	有时通过鞭毛	不动	不动	通过收缩纤维运动
生命周期	多为无性生殖	种类多样	单倍体(无性生殖)	世代交替	二倍体(有性生殖)
受精卵的保护结构	无	无	无	有	有
神经系统刺激	不存在	传导	不存在	不存在	存在

在真细菌出现以前，原核生物就进化出了各种形式的营养物质和几乎所有的代谢途径。这可能是一个渐变的过程，第一步就需要某一反应能够使用另一反应的最终产物。在过去的350万年中，原核细胞通过许多精密的方式来完成这一基本的程序。有些进程，比如说光合作用的产生，最初可能只是为了保护生物不受有毒物质的侵害。

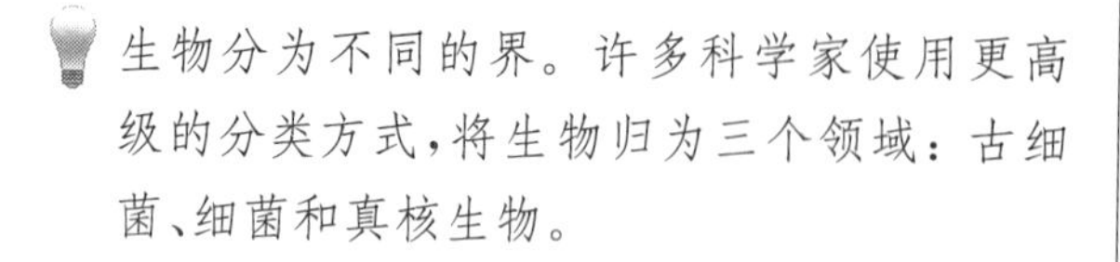

生物分为不同的界。许多科学家使用更高级的分类方式，将生物归为三个领域：古细菌、细菌和真核生物。

形态学多样性

除了按照细菌的生活环境以及存在形式将其归类的分类方式之外，细菌还可以按照革兰染色分类。革兰染色是用 4 种不同的液体将细菌染色，这 4 种液体包括结晶紫，之后是乙醇洗脱、碘酒，再下一步是番红液。再次呈现结晶紫的紫染的细菌为革兰阳性菌，而那些染成番红液的粉色的细菌称为革兰阴性菌。

革兰阳性菌有一层很厚的肽聚糖(一种结合有氨基酸的糖)，这种结构可以吸收革兰染料。革兰阴性菌外膜有很厚的一层脂质双层结构，脂质双层是选择性通透的。

由于物质可以轻易穿过革兰阳性菌细胞的外层，这使得革兰阳性菌较革兰阴性菌对抗生素更为敏感。

细菌同样可以根据其形状进行分类——杆菌、球菌和螺旋菌。杆菌为粗椭圆形，球菌为圆形，而二螺旋菌为螺旋状。它们有不同的移动方式：螺旋式移动、滑动或者使用鞭毛推进。

表 9.2 示三种生物领域主要不同点。

表 9.2　三种生物领域主要不同点

	细菌	古细菌	真核生物
单细胞	是	是	某些是，还有很多多细胞生物
膜脂	磷脂，无支链	多样，有支链的脂类	磷脂，无支链
细胞壁	有	有	某些有，某些没有
膜结合细胞器	无	无	有
核糖体	有	有	有
内含子	无	某些有	有

病原体

一些细菌会引起疾病。科学家发现，一种称为球菌的细菌以链状的形式存在（链球菌），或者呈葡萄一样的串珠状（葡萄球菌），这两种细菌经常引起感染。引起感染性疾病的生命体称为病原体。病毒、细菌、原生生物、真菌和无脊椎动物，例如蛔虫和扁虫，都可以称为人类的病原体。

一些病原体可以产生干扰细胞正常功能的毒素（例如，引起白喉、霍乱和百日咳的病原体）。病毒，例如水痘和普通感冒，利用机体的细胞进行复制。原生生物和蛔虫通过进食或者植入组织中来破坏机体组织。但是人类拥有一套免疫系统，可以找出病原体，并且通常可以将其破坏。

病毒

病毒是专性的细胞内寄生生物，其保护性的病毒编码蛋白质衣壳包绕着 RNA 或者 DNA 遗传物质。病毒依赖特定的宿主细胞提供复杂的代谢及生物合成过程，这些过程都是病毒繁殖所需要的。病毒不是细胞，病毒颗粒也没有细胞核和细胞膜或者细胞器，例如核糖体、线粒体或者叶绿体。但是病毒确实有有组织的结构部分——一个保护性的蛋白质外衣（衣壳）和一个核酸的核心部分。一个人类细胞可以包含 100 000 个基因，而一个细菌细胞包含大约 100 个基因，病毒可能只包含 5 个基因。

病毒和细胞不同，它们不用进食、呼吸，也不对环境变化做出反应。

病毒根据其基本大小、形状和化学组成、基因结构以及复制模式的不同，可分为 21 个科。组成保护性外衣或者衣壳的壳粒的数量和排列，对于病毒的识别和分类很有价值。基因可以占据一个铬酸分子或者多个核酸片段，并且不同种类的基因使不同的复制方式成为必要。

新发和复发感染

抗生素在过去一个世纪曾是神奇的药物，它治愈多种常见的曾至大量人口死亡的感染。但是我们并不能因此而沾沾自喜，新发和复发感染证实了对曾经有效的抗生素的抵抗。人类免疫缺陷病毒(HIV)已经成为当代科学的最大挑战之一。此外,多重耐药的结核、急性球菌感染、以啮齿动物为媒介的肺出血热汉坦病毒、经食物和水源传播的沙门菌感染爆发,以及其他一些由埃希杆菌引起的感染都曾发生。

因为人口的流动性前所未有,感染性疾病现在没有边界。人们到各地旅行,以多种方式携带病毒。许多病毒通过啮齿动物和节肢动物传播,因此农业方式和乡村环境的改变可以产生显著的恶果。过度砍伐、灌溉、长距离家畜转运和人工水利工程所带来的长距离鸟类迁徙路线的改变都可以影响病毒的传播和生长。

> 生态环境的改变对病毒生长的影响中最典型的一个例子应该算登革热。这种疾病在热带地区很常见,每年会有百万的病例。近些年,此病传播进了多个新的国家。阿德斯蚊是侵袭性的登革热病毒媒介,它随使用过的亚洲轮胎进入了休斯顿,并且在美国多个州建立起了它们的种群。

类病毒和朊病毒

有两种感染性病原体有着比病毒更加简单的结构:类病毒和朊病毒。类病毒是单纯的一根 RNA,可致植物患病。与病毒不同的是,类病毒没有衣壳来保护其核酸。

朊病毒是引起动物患病的蛋白质分子。它们是已知的唯一一种不含有 DNA 或 RNA,但仍旧能在生命体中传播的感染性病原体。在死于疯牛病的病牛脑部可以发现朊病毒,朊病毒也可见于患有库鲁病或克-雅病的人类。这两种疾病都会影响中枢神经系统。

原生生物

原生生物是单细胞或者多细胞的真核生物。这些细胞有细胞核和生物膜包裹的细胞器。大多数这些结构都有专门的功能。

类似动物的原生动物(原虫)与动物不同。它们是单细胞生物,也没有分工明确的组织、器官和系统来进行生命活动。这些生物根据其移动方式的不同可分为 4 类。

- **肉足虫:** 通过伸出细胞质(细胞内)突起来移动。
- **鞭毛虫:** 利用鞭毛或者卷须来移动。有些通过鞭毛以相对呈直线的方向移动。另外一些旋转鞭毛在液体中移动。
- **纤毛虫:** 是数量和种类最多的原虫。它们全身覆盖有纤毛状、短小的、毛发一样的推进装置,这些就是用于移动的。大多数纤毛虫生活在淡水中,并且在恶劣的环境中可以形成包囊而存活。
- **孢子虫:** 是寄生原虫。它们没有用于移动的结构。原虫的生活史很复杂,包括有性和无性两个阶段。其生活史通常要涉及不止一个宿主,例如疟原虫既会感染蚊子,也会感染人类,进而引起人类的疟疾。

藻类

能够进行光合作用的原生生物称为藻类。藻类和多数植物一样都有叶绿体,并且通过光合作用产生食物和氧气,但是藻类没有高度分化的组织或器官。对藻类进行分类的最好方法是根据其结构的不同:单细胞和多细胞。

单细胞藻类包括腰鞭虫、硅藻和眼虫。腰鞭虫有两根鞭毛，旋转其细胞以螺旋方式在水中前进。每个腰鞭虫细胞都覆盖有纤维素板。硅藻看起来就像雪花一样，并有玻璃一样的含硅细胞壁。细胞壁上的微孔结构使得物质可以进出硅藻细胞。眼虫既像藻类又像原虫。它们没有坚硬的细胞壁，同时它们又通过鞭毛运动，但是由于它们含有叶绿体，并且能够进行光合作用，眼虫应归为藻类。

多细胞藻类和植物一样具有高度分化的结构，但是由于其仅有很少量真正的组织，其繁殖方式也更像原生动物而不是植物，因此仍把它们归为原生生物。多细胞藻类按照其细胞内的色素所决定的颜色进行分类。多细胞藻类分为绿藻、红藻和褐藻，它们分别生活在不同的环境中。

黏菌和水霉菌

类似真菌的原生生物是霉菌。它们体型较小，生活在潮湿或者有水的地方，这些生物都是分解者。霉菌可以分为三类——合胞体黏液菌、细胞黏液菌和水霉菌。

合胞体黏液菌是一个有很多细胞核的独立细胞。它可以长到一个汉堡包那么大。当环境不利于这种黏菌生活时，它会形成一种叫做子实体的结构，该结构产生孢子，随风或者动物传播。例如，在适宜的环境中，疟原虫释放单倍体的配子体，两个配子体融合形成二倍体的合子，最终发育成为一个新的疟原虫。

黏菌因其闪亮、湿润的外观和明胶样的纹理而得名。

细胞黏菌在产生孢子的子实体和类似于阿米巴的进食形态之间变化。当外界环境适宜时，细胞会分泌一种引诱剂，引起周围的霉菌细胞聚集成簇，形成伪原生质团，这是一团能够产生子实体的细胞。然而这些细胞都是独立的单倍体个体。

水霉菌是淡水环境中的分解者。有些水霉菌是寄生性的，会侵犯鱼类受损的皮肤或鳃组织。另一些水霉菌寄生于特定的陆生植物。我们不会将水霉菌误认为是真菌，因为它们细胞壁的主要成分是纤维素，而不是壳多糖（一种多糖）。水霉菌的无性繁殖也会产生具有鞭毛的孢子，而真菌产生的孢子没有鞭毛。

真菌

人们曾一度将真菌归为植物界，但是真菌在一些重要的方面有别于植物。植物细胞壁的主要成分是纤维素，而真菌细胞壁则是壳多糖。真菌不能为自己生产食物。

真菌归为独立的一界，但其主要成员称为“部”，而不是“门”。这些成员主要是根据其繁殖方式的不同而进行分类的。一般的真菌、子囊菌和珊瑚菌是根据其进行有性生殖的结构分类的。第四类是半知菌，这是只进行无性生殖的真菌。

事实上，所有的真菌都可以通过芽孢生殖、再生或产生孢子来进行无性繁殖。多数真菌是通过一种叫做子实体的结构产生孢子而进行无性繁殖。

普通真菌、子囊菌和珊瑚菌也可以进行有性生殖。与融合雄性和雌性双方的基因不同，真菌有两种不同的生殖菌丝（分叉、管状的细胞），正性和负性。有性生殖通过两种不同种类的菌丝融合并产生孢子而进行。通过有性生殖产生的孢子具有一套新整合的遗传信息。

> 一些真菌依靠宿主获得食物。这些真菌可以是寄生菌、共生体或者掠食者。寄生真菌会吸收营养物质，经常引起疾病或致宿主死亡。以共生关系生活的真菌从宿主吸收营养物质，但它们会向宿主提供所需的物质，例如土壤中的矿物质。一些真菌是掠食者，会设陷阱捕捉并杀死它们的猎物。

经济价值

真菌有多种用途，并且可以挽救生命、结束生命或者置你于两者之间的状态。蘑菇就是一例集危险与利益于一身的真菌。一些常见的蘑菇是有毒的，另一些则十分美味。一种叫做曲霉(*aspergillus*)的半知菌可用于生产枸橼酸和酱油，而酵母用于发制面包和发酵饮料已有几个世纪的历史。

真菌最重要的应用之一是青霉(*penicillum*)，这是一种能使水果腐败的真菌性霉菌。当科学家发现这种霉菌可以杀死葡萄球菌(*staphyloccus*)，它就成为了人类生命的救星。今天，抗生素早已生产出来了。

转基因酵母菌用于生产许多重要的蛋白质，并且其在基因工程领域也有至关重要的作用。

植物

植物的结构和生长

植物生长的第一个阶段是在末梢处进行的。称为分生组织的生长组织位于茎和枝桠的尖端、根尖和叶与茎相连的芽处。它们的功能是通过有丝分裂产生新细胞。这些细胞最终会成为与早期所不同的高度分化的脉管组织、表皮组织或者基本组织。顶端分生组织引起根和茎的增长，轴向分生组织是指位于叶与茎结合处的芽。

茎与根的增长是初生生长，这个过程中植物会长得更高，其根会扎得更深。次生生长是植物增粗的过程。尽管所有植物都会经历初生生长，但是并不是所有植物都有次生生长阶段。侧生分生组织位于根和茎中，形如空心圆柱体，是次生生长所必须的。这些组织又称为形成层，可以分为脉管组织或软木组织。脉管形成层位于木质部和韧皮部(运输液体的结构)之间。脉管形成层进行的细胞分裂会向形成层内部产生新的木质部，同时向形成层外部产生新的韧皮部。这种生长方式循环进行。

软木形成层位于韧皮部和表皮之间。软木形成层进行的细胞分裂会更新皮质层和上皮，也可以成为植物的“皮肤”。

木质部年复一年地生长，然而只有最新长出的外层会不断地输送水分。陈旧的木质部细胞闭合。你在观察树木环形的年轮时，可以看到这一生长过程。

繁殖和生物工程

由于植物不能到处移动，有性生殖就成为了一个复杂的过程，因为这需要两性生殖细胞的相遇。所有的植物都会经历生殖状态的交替。它们会由二倍体转变为单倍体。二倍体植物有两套完整的染色体。但它们不会产生配子，而是经历减数分裂产生单倍体孢子。植物的孢子通过有丝分裂进行扩增，形成一个所有细胞均为单倍体的植物结构。

单倍体植物由高度分化的结构进行进一步有丝分裂而产生配子。在受精过程中，一些单倍体配子会与其他单倍体配子融合，形成受精卵，受精卵会发育成为一株新的二倍体植物。新的二倍体植物有两套染色体，它们分别来自两株单倍体植物。

对内部及外部信号的反应

植物会对其内部及外部环境的情况作出反应。所有的植物都会对光、重力和接触作出反应。植物会产生少量控制生长以及反应的化学物质。季节的更替会决定出芽以及开花的时间。植物在外部环境寒冷或者干燥时会表现得没有活力，并且许多种子和球茎在其抽芽前都会有一段时间表现得不活跃。

动物

无脊椎动物

没有脊柱的动物称为无脊椎动物。它们都是冷血的，这意味着其体温有赖外界环境进行调控。一些常见的无脊椎动物包括海绵、蛛形纲动物、昆虫、加壳纲动物、软体动物以及棘皮动物。

软体动物

软体动物包括蜗牛、蛞蝓、扇贝和乌贼。尽管它们看上去各不相同，但却有着结构上的共同点。软体动物有着柔软的身体，一些有坚硬的外壳保护。有些软体动物只有一块外壳，而另一些则有两块。乌贼和蛞蝓有轻巧的内壳，而章鱼根本就没有壳。尽管如此，所有的软体动物都有一个外套，一层柔软的外部组织。

这个外套会产生保护性的壳，并且在外套和下层组织之间形成外套腔。外套腔内装载了软体动物的呼吸结构。

第二个共同特征就是用于移动或附着于物体上的肉足。位于肉足和外套间的是内脏团(里面包含了机体的主要器官)，这是软体动物的第三个重要特点。多数软体动物的最后一个共同特点是开放的循环系统。在流入小血管并持续通过循环系统结构之前，血液会流至血管外，并浸润身体器官。当水或空气经过循环系统结构时，气体交换就发生了，至此，血液会流回心脏。

环节动物

环节动物，包括蚯蚓、水蛭和其他形似蠕虫的动物，这些动物有着分成节段的身体结构。它们的体腔完全与中胚层(一个组织层)相连。体腔中的肌肉和液体就像一个液压泵(液体压力)骨骼。肌肉以纵行和环形的走形方式贯穿环节动物全身。

环节动物也会利用外部结构来移动。以蚯蚓为例，它们有称为刚毛的小触须。

环节动物有着发育完善的神经系统，并且通常会有一个小型大脑延伸成一个坚实的神经索。蚯蚓的皮肤上还有感受器，这些感受器对光线、温度、适度、震动和化学信号很敏感。它们可以通过再生进行无性繁殖，但是它们主要通过有性生殖进行繁殖。

节肢动物

节肢动物门是最庞大的门类。它们在各自

表9.3示真核生物的特点。

表9.3 真核生物的特点

界	细胞种类	细胞数量	主要(营养)模式	能动性(运动)	细胞壁	繁殖
原生生物界	真核细胞	单细胞	吸收、外摄或光合作用	能动或不能动	藻类中存在;多样	有性生殖和无性生殖共存
动物界	真核细胞	多细胞	外摄	在一些生命阶段可以活动	不存在	有性生殖和无性生殖共存
真菌界	真核细胞	大部分为多细胞	吸收	一般不能动	存在:壳多糖	有性生殖和无性生殖共存
植物界	真核细胞	多细胞	光合作用	一般不能动	存在:纤维素	有性生殖和无性生殖共存

的生活环境中通常接近食物链的底层,有时甚至作为其他节肢动物的食物。

节肢动物有着含关节附件的节段身体以及壳质的外骨骼。这种外骨骼需要经历蜕皮的过程才能使身体继续生长。甲壳动物、蜘蛛和昆虫都归于这个门类。

一些昆虫因为破坏庄稼,或是危险寄生虫的宿主,亦或传播疾病,而造成破坏。另一些昆虫则对人类的食物供应十分重要。蜜蜂为多种开花植物和庄稼传粉,并且其蜂蜜和蜂蜡都十分有价值。蚕和螃蟹有着非常重要的用途,此外,人类也会吃掉大量的虾、龙虾、蟹和小龙虾。

棘皮动物

棘皮动物是以多刺的皮肤、内骨骼、辐射对称和液态脉管系统为特点的水生动物。海星是最常见的棘皮动物之一,它们可以通过再生进行无性繁殖,但通常进行有性繁殖。棘皮动物会在一年里特定的时间聚集在一起,然后向水中释放出精子和卵子,并在水中受精。幼虫有两年的时间可以自由游弋,之后会定居于海床并发育至成年。

脊索动物

脊索动物门既有脊椎动物也有无脊椎动物。脊椎动物——鱼类、两栖类、爬行类、鸟类和哺乳类——是脊索动物门中最为人所熟知的种类。没有脊柱的无脊椎脊索动物则不那么熟悉。这包括被囊动物和文昌鱼。

脊椎动物

鱼类、两栖类、爬行类、鸟类和哺乳类都是脊椎动物,属于脊索动物门。它们有4个主要的共同点,尽管这些特征随着脊椎的发育而改变。背部的神经索形成脊髓和大脑,脊索为脊柱所代替。在水生脊椎动物中,鳃裂或颊带变为鳃。在陆生脊椎动物中,鳃裂或颊带发育成为其他结构。肛门后的尾是脊索动物的唯一特征,多数脊椎动物的一生都会长有尾。

> 所有脊索动物在生命的某一点都有四个结构上的共同点:背部中空的神经索、脊索、鳃裂和肛门后的尾。大多数脊索动物,其中也包括人类,只在胚胎发育的早期阶段才会出现这些特点。

人类进化史

人科是500万至800万年前才开始进化

的。化石记录为这一发展过程提供了证据，并追溯至 440 万年前。当时约有 9 种不同的人科物种。

一种称为能人（*homo habilis*）的物种出现在 240 万至 150 万年前，并可能是现代人（*homo sapien*）的直系祖先。能人最终进化为有更大的大脑的直立猿人（*homo erectus*）。最古老的直立猿人化石有 180 万年的历史。研究表明，直立猿人可以生火、穿着动物皮毛并制造石器。

人类出现的最早证据在 20 万～30 万年前。尼安德特人大概与现代人出现于同一时间，但是其更大、更重的体型，背面突起的更长的头颅以及厚实的骨骼将其与现代人区分开来。人类可能是从世界多处地区的直立猿人种群进化而来的，或者是古老的非洲种群在分散至其他地区之前进化而来的。不管哪个理论是正确的，现代人的线粒体 DNA 基本是相同的。从尼安德特人和其他已灭绝的人类化石中提取 DNA 或许能有助于建立起古人类和现代人之间的相似性（见图 9.1）。

小结

- 古细菌和真细菌对于生态平衡以及感染性疾病的进展都有重要的意义。原生生物既可以是单细胞也可以是多细胞的真核生物，包括原虫、藻类和霉菌。
- 真菌曾被认为属于植物界，而现在归为单独的一类，因为植物的细胞壁是由纤维素组成的，而真菌细胞壁则是由壳多糖组成的。真菌不能自己生产食物。
- 植物不仅是重要的食物来源，对氧气产生也有重要意义。这对于任何滋养人类或其他动物的环境都是至关重要的。
- 动物，既有无脊椎动物也有脊椎动物，阐明了生命的多样性。

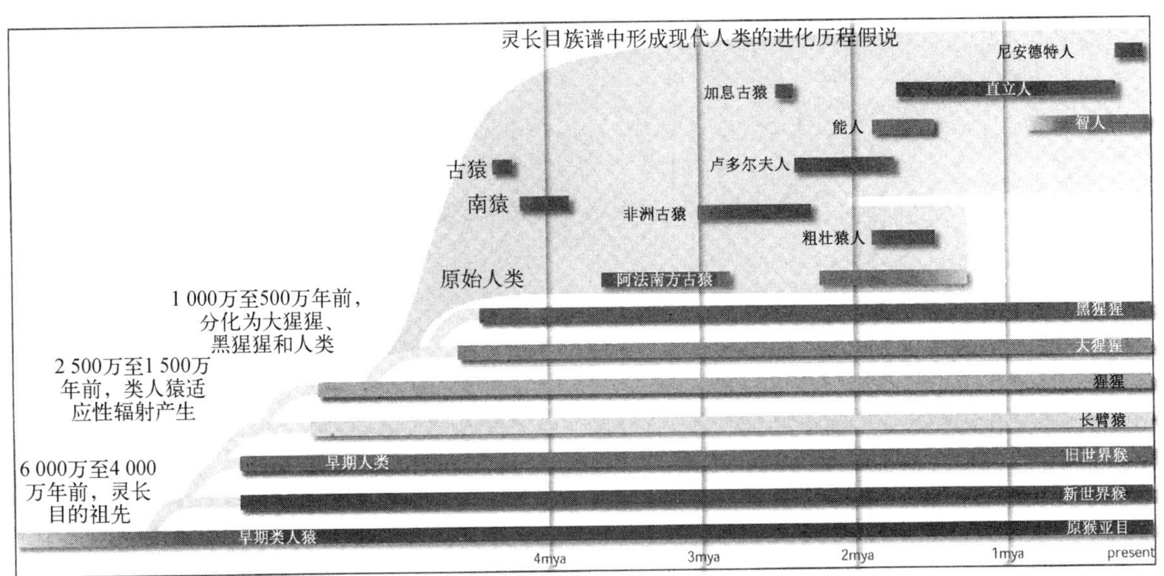

图 9.1 人类进化之路

第十章 10 动物形态和体内平衡

关键词
组织；　　微纤丝；　　代谢速率；
恒温动物；　冷血动物

截至目前，很多科学中，比如生命、进化、结构和功能以及生物学，都存在不同层级的组织结构，这已经是一个不争的事实。我们已经了解了细胞结构和功能之间的关系，现在是时候放宽视角，来研究一下组织。对很多动物，尤其是对人和其他脊椎动物来讲，组织主要分为四类：上皮组织、结缔组织、肌肉组织和神经组织。本章将讨论不同组织的结构，了解它们在复杂生物中所扮演的角色。

细胞和组织的分类

上皮组织

上皮组织可行使各种功能，由密集排列的细胞膜片构成，被覆于体表，或衬于器官的腔面以及体腔的腔面。上皮组织的自由面暴露在空气或体液中。细胞基部与基膜（一层致密的胞外基质膜）相连。这些细胞紧密相连，可以作为保护身体不受伤害，防止微生物入侵和体液流失的屏障（见图 10.1）。

根据排列层数和自由面形状的差异，生物学家将上皮组织归入不同的种类。按排列层数可分为简单（单层细胞）、复层（多层细胞）和假复层（由于细胞高矮不等，原本单层的细胞看上去像复层）。按形状可分为鳞状、立方状和柱状。这些细胞有的专门吸收或分泌化学物质。比如分布在口腔和鼻腔中的黏液膜可分泌黏液，滋养和润滑口鼻腔表面。

单层鳞状上皮是一层具有渗透性的薄膜，通过扩散，血管和肺泡进行物质交换。复层鳞状上皮在靠近基膜处能迅速增殖再生，源源不断地补充自由面脱落的细胞。而且，复层鳞状上皮位于皮肤表层，被不断磨损。例如，皮肤的外层就是由它构成的。

柱状上皮细胞更像是装满细胞质的水球。在吸收和分泌功能旺盛的身体部位总能找到它的身影，比如说在分泌消化液的肠道。小肠是吸收营养物质的主要场所。复层柱状上皮组织同样分布于膀胱的内侧。在许多脊椎动物的鼻腔内都分布有假复层纤毛柱状上皮细胞。单层立方上皮细胞主要负责分泌，主要分布于肾小管、甲状腺和唾液腺内。

结缔组织

结缔组织将其他组织连接在一起，并为它们提供支撑。结缔组织细胞数量较少，散布在大范围的细胞外基质中。基质是嵌入软性胶质稠液的纤维网。三类纤维构成了形形色色的结缔组织（见图 10.2）。

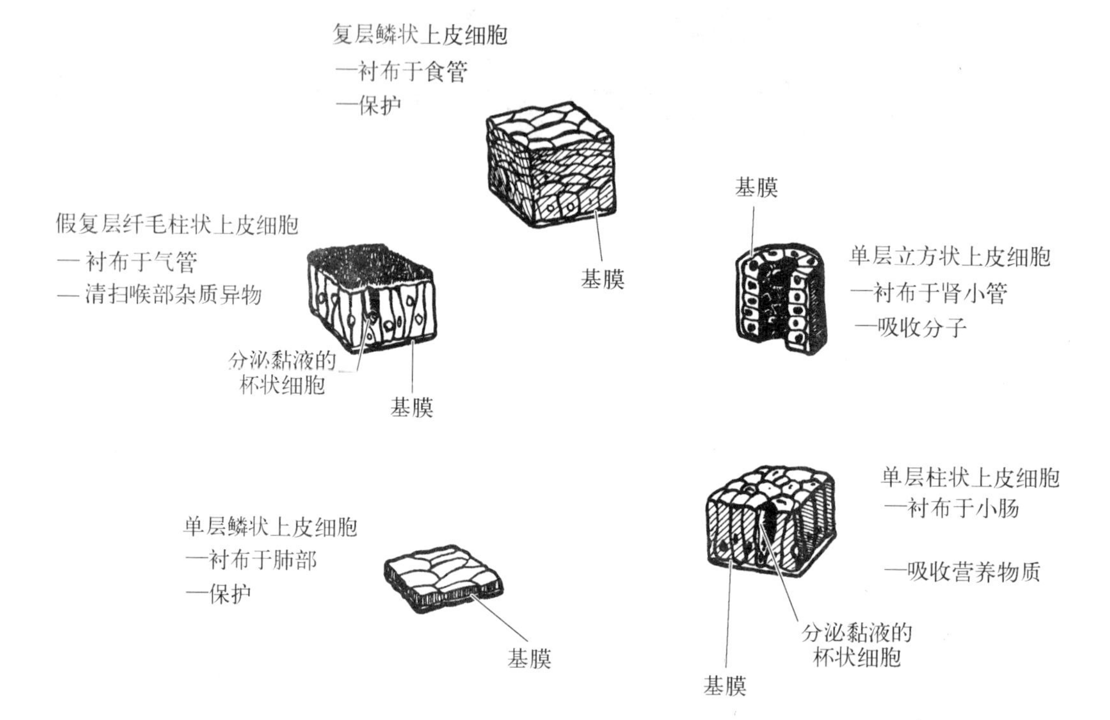

图 10.1 上皮组织的种类

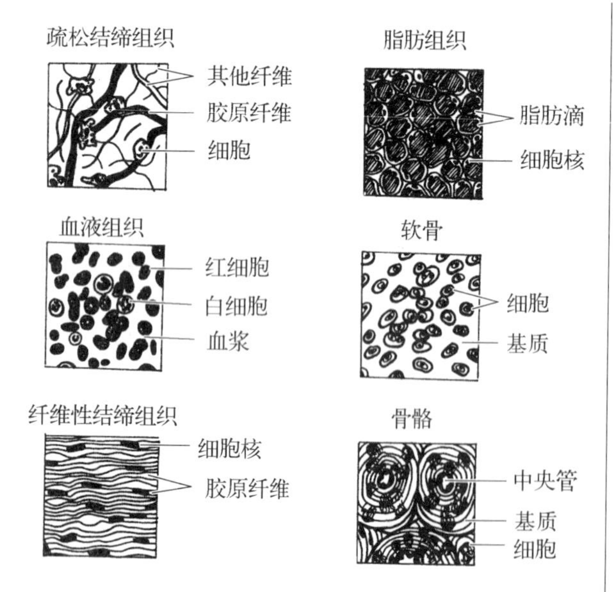

图 10.2 结缔组织的种类

- **胶原纤维：**每根胶原纤维是由三股纤维丝组成的束状结构，具有超强韧性和抗牵引力。打开手掌，便可以看到掌心平行的纹络，那便是胶原纤维束。
- **弹性纤维：**是由蛋白质和弹性蛋白组成的长条状纤维，拉伸后能够还原。
- **网状纤维：**有分支，彼此紧密交织呈网状，将结缔组织与其周边组织相连。

结缔组织一共分为 6 类：疏松结缔组织、脂肪组织、纤维性结缔组织、软骨、骨和血液。

疏松结缔组织固定器官位置，并将上皮组织与其下其他组织连在一起。它主要由两种细胞构成。成纤维细胞分泌细胞外纤维蛋白。巨噬细胞为身体免疫防御保驾护航。疏松结缔组织包含全部的 3 种纤维——胶原纤维、弹性纤维和网状纤维。脂肪组织是一种专门通过散布于基质中的脂肪细胞储存脂肪的疏松结缔组织。每个脂肪细胞储存一个脂肪滴，脂肪滴的大小有差异。储存的脂肪可以保温抗寒，必要时还能提供大量热量。

大量平行的胶原纤维聚集成束，形成致密的纤维性结缔组织。它能提供肌腱（连接肌肉和骨骼）和韧带（在关节处连接骨骼）所需的极大的抗张强度。为了对其形态有更直观的认识,伸手沿着跟腱在脚后跟处向上滑动便可感觉到。

软骨是一种强韧灵活的结缔组织,在所有脊椎动物胚胎的骨骼中都可以找到。大部分脊椎动物的软骨转化为了骨骼,但软骨在鼻子、耳朵、气管和需要灵活度的椎间盘处仍有保留。鲨鱼终身都保留软骨骨骼。软骨是由生长在软骨素(一种蛋白-碳水化合物)中的软骨纤维构成的。

骨骼是一种硬化的结缔组织。成骨细胞(一种形成骨骼的细胞)将胶原蛋白基质和磷酸钙沉积起来,并逐渐硬化成羟磷灰石。尽管骨头很硬,但不易碎,也并非全是固体。在骨组织中有细长的导管,叫做哈弗斯骨管(Haversian canals),里面有血管和神经细胞。

血液是血浆的一种细胞外液体基质,其中包含水、盐分和蛋白质。血细胞可分为运输氧气的红细胞、免疫系统的白细胞以及没有完整细胞结构,帮助凝血和止血的血小板。

血细胞是由长骨的红骨髓制造的。

肌肉组织

按重量计算,绝大多数动物的肌肉组织多于其他组织。肌肉组织是由易兴奋的长条状细胞构成,能够伸缩和舒张(见图 10.3)。其细胞质是由并排的微丝束构成,微丝由收缩蛋白质、肌动蛋白和肌球蛋白构成。脊椎动物身上,可将肌肉组织分为三类。

- **骨骼肌:** 由多核细胞组成,通常通过肌腱与骨骼相连。骨骼肌能进行自主伸缩,在显微镜下呈圆条状。
- **平滑肌:** 主要分布于器官和动脉内壁。平滑肌由梭状细胞、单核细胞构成,会不自主伸缩。
- **心肌:** 是指心脏壁,它由单核圆条状细胞构成并由闰盘连接起来。心肌进行不自主收缩。

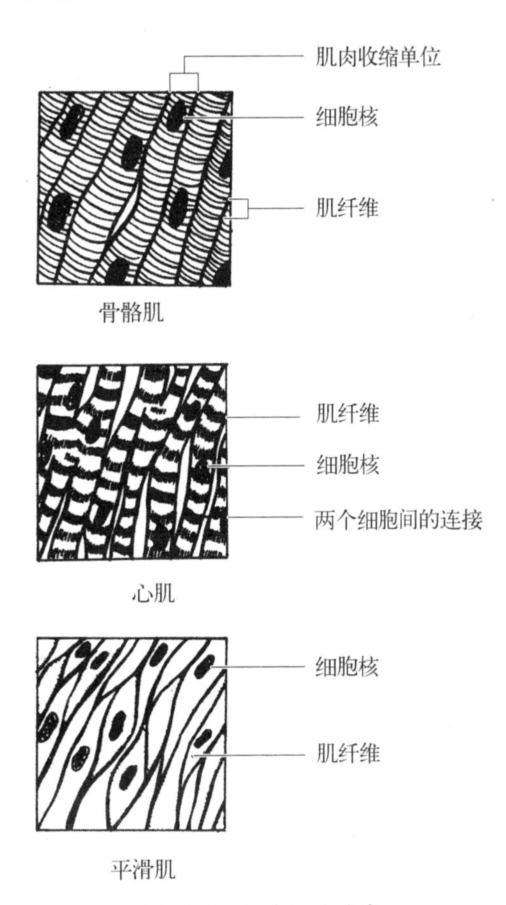

图 10.3　肌肉组织分类

神经组织

神经组织的作用是感知刺激,它将信号从机体的一部分传达到另一部分。神经元(神经细胞)传导冲动和生物电信号。

器官和器官系统

组织可以共同协作,行使特定的功能。器官

是由多种组织构成的具有特定形态和功能的结构单位。以人的胃为例，胃是由多种组织构成的。属于上皮组织的黏膜附着在内脏和空腔上。黏膜下层是一种结缔组织基质，其中包含血管和神经。肌层包含了内层的括约肌和外层的纵行肌。胃还包含一层很薄的结缔组织和上皮组织，叫浆膜。胃的各个组织结构协调合作，完美地扮演好自己在消化系统中的角色。（见第十三章）

器官系统是指两个或两个以上器官，为行使特定功能而进行化学和(或)物理相互作用的结构。例如，胃属于消化系统的一部分。消化系统是一个开始于口腔，结束于直肠的延续管道，其中分布有食管、胃、小肠和大肠。肝、胆囊和胰腺也是消化过程必不可少的器官。

生物能量学

身体器官工作要耗费能量，因此，能量摄入与损耗平衡至关重要。生物能量学是一门研究生物体内能量动态平衡的学科，从中我们能了解到生物是如何适应其生存环境的。

代谢速率是指生物体在单位时间内消耗的能量。影响代谢速率的因素很多，包括年龄、性别、体积、体温、环境温度、食物质量和数量、动静程度、可及氧气量、激素平衡度以及一天中的时段差异。最低代谢率是指维持生命基本生理活动所消耗的能量，最高代谢率产生于生物体运动达到峰值时。

> 恒温动物(鸟类和哺乳类)能通过新陈代谢产生体温。冷血动物(两栖类和爬行类)从周围的环境中获得热量。它们的体温和代谢随着环境温度的改变而改变。

生物体是如何获取生产能量所需要的材料的呢？动物靠进食。在消化和吸收过程中，食物被酶分解，身体细胞便能吸收这些满载能量的小分子。细胞呼吸能从这些食物分子吸取化学能量。大部分的能量储存在腺苷三磷酸(ATP)中。正是这些分子为细胞提供能量。在满足基本的生理需求后，食物分子中富余的化学能量和碳骨架可用于生物合成。

体内平衡

生物体要存活下去，细胞需要适量的营养物质和氧气，新陈代谢产生的废物也要及时排出体外。为此，生物体的大小和形状会影响其与周边环境的相互作用。根据对环境的暴露程度差异，不同的生物体与环境有不同的相互作用模式。例如，单细胞的阿米巴变形虫完全暴露给其外部环境。双层的水蛭的每一个细胞也是如此。复杂的生命体不会以这种方式完全暴露给外部环境。即便如此，所有生命体的组成部分，不论大小，都要共同协作，保持细胞所需的稳定流体环境。这便是体内平衡的内涵，它对于理解生物体的结构和功能至关重要。

为了创造宜居的环境，人类发明了各种方法。我们安装恒温计来感知温度，装电话来方便沟通，运用其他设备来完成繁重的家务。体内平衡控制机制帮助维持体内能使细胞处于最佳工作状态的物化环境。那么这种状态是怎么保持的呢？在人体内有3个部分构成了体内平衡控制，它们分别为感受器、整合器和效应器。

- **感受器**可以感知刺激(环境的改变)。
- **整合器**可以就刺激发出信号(大脑)。
- **效应器**可以做出反应[肌肉和(或)腺体]

在体内平衡控制中，反馈机制可以将身体的物化状态保持在适度范围内。一个正反馈可以增大正向改变。环境的变动会触发这一机制。例如，在分娩的时候，婴儿头部对子宫感受器的压力会加大子宫收缩的力度和频率。大脑接受到压力增大这一信号，并增加激素和宫缩素的分泌，这又进一步加剧子宫收缩。

在负反馈机制中，有些活动改变了体内环境的状态，这会触发逆转此类变化的反应。负反馈的例子很多。如果细胞中 ATP 过量，那 ATP 自己便会抑制一种酶的产生，这种酶最初参与合成 ATP。

小结

- 组织是由具有相同结构和功能的细胞组成的。上皮组织衬布于体表。结缔组织连接其他组织，并起支撑作用。肌肉组织参与运动。神经组织形成一个传导网络。
- 由多个组织构成，完成某些特定功能的形态结构叫器官。人体是一个协作的器官系统，各个器官相互依存。
- 生物能量学能够为我们了解生物体如何适应环境提供线索。动物体必须与外界进行能量交换。单细胞生物可以通过扩散进行交换，更为复杂的生物包含了相互协作的各部分，能使每个细胞与其环境相互作用。
- 多细胞生物必须自己调节体内环境。体内平衡基于正向或负向反馈机制之上。

第十一章 11 皮肤系统

关键词

皮下的； 淋巴结； 黑色素；
角质细胞； 皮脂； 上皮组织

皮肤及其衍生物——毛发、指甲、腺体和神经末梢——共同组成了皮肤系统。皮肤由不同的组织构成，具有特定的功能。就面积和重量而言，它是全身最大的器官。全身所有的器官中，皮肤是最方便我们观察的，也是最容易被感染、被伤害，受到疾病侵害的器官。

皮肤

皮肤主要由两部分组成。平时大家看得见，摸得着的是表皮。这层薄薄的外层是由多层上皮细胞构成的。真皮是由结缔组织构成的较里面，较厚的一层。真皮通过纤维与皮下组织相连。通常认为，皮下组织不属于皮肤，其主要功能是储存脂肪，并且包含了大量为皮肤供血的血管。皮下组织与其下面的组织相连（见图 11.1）。

表皮

表皮是由多层复层扁平上皮组成，主要包括以下 4 类细胞：

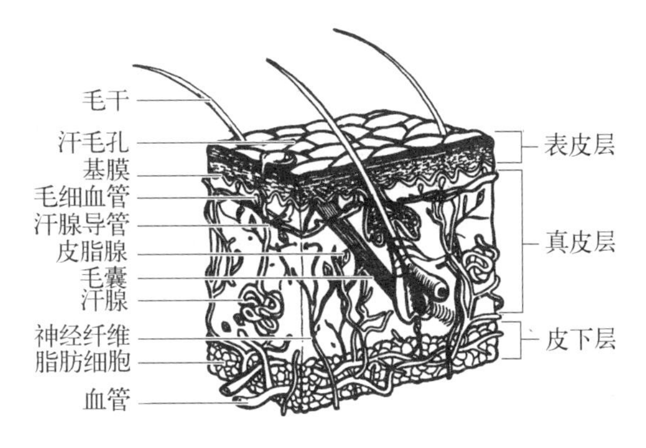

图 11.1 人类皮肤的结构

- 角质细胞
- 黑色素细胞
- 朗格汉斯细胞
- 默克尔细胞

角质细胞占整个表皮的 90%，并能产生角蛋白。角蛋白是一种坚韧的蛋白纤维，能够帮助皮肤和下层组织抵御高温、细菌和其他化学物质内侵。同时，它还能为皮肤释放防水剂。8%的表皮细胞为黑色素细胞。它们能产生造成肤色差异的黑色素，并且能够吸收紫外线。一旦在细胞内形成，这些黑素颗粒便会聚集起来，在皮肤表层细胞的细胞核处形成保护层，防止遗传物质（DNA）因紫外线辐射受损。朗格汉斯细胞只占表皮细胞中很小一部分，主要参与针对微生物的免疫反应。默克尔细胞是表皮细胞中数量最少的。它是表皮最里面一层，与神经细胞相连，主要功能是触感。

因分布部位不同，表皮由4～5层细胞组成。最里面是一层能够继续进行细胞分裂的干细胞和有灵敏触觉的细胞。它们中有些细胞能产生不断向表层移动的角质细胞。在向表层移动的过程中，它们不断吸收黑色素，同时失去细胞核和其他胞器以及进行重要新陈代谢的能力，最终死亡。有些干细胞则不断下沉，演变为脂腺、汗腺和发囊。

表皮的最上层，也就是角质层，是由大约30层扁平死亡的、完全由角蛋白构成的细胞组成。角质层不断脱落，不断被下面的细胞替换。它能够保护皮肤免受光、热、细菌和多种化学物的侵害。细胞从表皮的最底层移动到最上层，大约要花2～4周。

在频繁摩擦部位(如手掌和脚底)，因为有附加表皮层，表皮厚度能达到1～2厘米，其余部位表皮厚度仅约为1/10毫米。

真皮

如果小时候发生过意外，摔破了膝盖，那么你有可能亲眼看见过自己的真皮。真皮是由胶原纤维和弹性纤维组成的结缔组织，里面还有血管、神经、腺体和毛囊。真皮在手掌和脚掌上很厚，但在眼睑、阴茎和阴囊处很薄。真皮中胶原纤维和弹性纤维结合，为皮肤提供力量、延展性(拉伸能力)和弹性(拉伸后复原的能力)。在怀孕、肥胖和水肿的情况下会出现延展性。感知寒冷的神经末梢位于真皮中或是紧邻真皮层的下面。感知高温的神经末梢在真皮层的中间或外面。

当过度拉伸时，会发生真皮撕裂现象(表现为条纹)。此时，可以在皮肤上看到红色或银白色条纹。

肤色

黑色素、叶红素和血红素是影响肤色的3种主要色素。黑色素是一种褐黑色色素，主要分布于表皮中，能够引起肤色从浅黄到黑的差异。鉴于所有人种的黑色素细胞数量基本相等，所以，肤色的差异主要是由黑色素细胞所产生的，以及扩散到角质细胞的黑色素多少决定的。黑色素细胞在黏膜、阴茎、乳头以及胸部、脸部和四肢周围分布最为密集。雀斑的形成便是黑色素细胞密集小片状分布的表现。

随着年龄的增长，可能会出现肝斑(即雀斑)。这是黑色素沉着而导致的皮肤斑块。

对拥有亚洲血统的人，在其表皮的外层、脂肪层以及皮下组织中都可以发现叶红素。叶红素和黑色素的共同作用使他们皮肤呈黄色。

白种人的表皮呈透明状是因为里面几乎没有黑色素。他们的肤色可能呈粉色，这主要取决于真皮毛细血管中的血液流动量。

白化病是指个体不能产生黑色素的遗传性疾病，它可能发生于任何人种中。绝大多数白化病患者有黑色素细胞，但却不能合成一种产生黑色素必要的酶(络氨酸酶)。这类患者皮肤、毛发和眼睛中缺乏黑色素，因此外表整体是白的。另一种情况是白癜风，是指皮肤局部或全部丧失黑色素细胞，形成不规则的白斑的情况。

毛发

在皮肤的所有衍生物中，人们可能最愿意折腾自己的毛发。我们一会儿剪短，一会儿漂白，一会儿染色，一会儿造型，甚至干脆剃掉。不该长的地方长了毛发，不该掉的地方开始掉发都让我们忧心忡忡，心急如焚。毛发是表皮的衍生物，除了手心和脚掌，遍布全身，身体部位不同，分布也有差异。遗传和激素因素极大地决定了毛发的厚密和分布方式。在成人中，毛发分布最厚密的部位为头皮、眉毛、腋窝和外生殖器周围。

正常的掉发量为每天 70～100 根。

毛发的主要作用是保护。它可以保护头皮不受外物和太阳有害光线的伤害。眉毛和睫毛阻挡异物进入眼睛、鼻腔和外耳道的毛发有相似的功能。毛发还可以帮助我们感知轻微的触碰。即便是毛发有轻微的动态，与毛囊相连的触觉感受器也能敏锐地捕捉到。这对于很多动物尤为重要，比如依靠脸上胡须在黑暗或密闭空间内行动的猫和老鼠。

每一根毛发都是由一条条死去的角化细胞缠绕而成。毛干是指毛发露出皮肤的部分。直发毛干的横截面是圆的，卷发毛干的横截面是椭圆的。毛根是指埋入表皮，有时甚至是埋入皮下组织的部分。毛根被毛囊包裹。毛囊的底部形如洋葱，叫做鞘状囊。这里有血管，还有基质细胞，它主要负责现有细胞成长和原有毛发脱落后，通过细胞分裂生成新的毛发。在毛囊的周围，分布有对触碰敏感的神经末梢。一束平滑的肌肉（立毛肌）与毛囊相连。在惊吓、寒冷等情况下，立毛肌会收缩，毛发便会被拉到直立的位置。现在大家明白为什么感到恐惧时颈上的汗毛会竖起来了。这一现象的另一表现方式便是浑身起“鸡皮疙瘩”。

毛发的颜色主要取决于黑色素。黑色素是由散布于鞘状囊中基质细胞中的黑色素细胞合成，并传递给毛发的。黑色的头发主要是由于纯粹黑色素的缘故。金色或红色的头发是因为黑色素变体中掺杂了铁和硫元素。灰色头发是因为合成黑色素的酶在不断丧失。白头发是因为在发干中气泡的沉积。

腺体

与皮肤相连的腺体主要有 4 种，即皮脂腺、汗腺及两种类汗腺——耵聍腺和乳腺。

皮脂腺

分布部位不同，皮脂腺的大小也有差异。皮脂腺在胸部、面部、颈部和上胸部较大，在躯干、四肢大部分较小；手心和脚掌处没有皮脂腺。通常，皮脂腺与毛囊相连。它们能分泌一种油状物质（皮脂），其中包含油脂、胆固醇、蛋白质、无机盐和信息素。皮脂有几个作用：它附着在毛发上，防止其变干变脆；它能防止皮肤水分过分蒸发而流失；它还能保持肌肤柔软有韧性，抑制某些细菌滋长。

汗腺

每个人的汗腺有 300 万～400 万个，其分泌物直接排出皮肤表层。根据构造、分布位置、分泌方式的不同，汗腺可分为两种——小汗腺和大汗腺。小汗腺是简单的管状盘旋腺体，比大汗腺分布范围广。自出生之日起，小汗腺便开始工作。汗液主要由小汗腺分泌产生。小汗腺几乎遍布全身，在额头、手掌、脚掌皮肤处分布最为密集，密度甚至可以达到每平方厘米 450 个。汗腺的分泌部主要位于真皮的深处，其分泌管穿透真皮、表皮，在皮肤表面形成毛孔。汗液由水、盐、尿素、尿酸、氨基酸、糖、乳酸和维生素 C 组成。其主要功能是通过提供降温机制调节体温。汗液的蒸发可以带走身体表面大量的热量。对排出体内废物也能起到一定的作用。

大汗腺在青春期开始分泌。它是简单的灌

装盘旋腺体，主要分布于皮下组织，其排泄管向毛囊开口。因为其中有其他脂类和蛋白质，大汗腺的分泌物比汗液黏稠。大汗腺主要分布于腋窝、阴部和胸部颜色较深的区域。在情绪刺激和性兴奋时比较活跃。

> 耵聍腺是一种变异的汗腺，分布于外耳道的皮下组织。它能产生一种蜡状物质，其黏性可以形成防止异物入侵的屏障。乳腺也属于变异的汗腺。

指甲

指甲是表皮角化细胞形成的坚硬、紧致扁平的甲状片。指甲裸露在外面的部分叫甲床。因为甲床下毛细血管中血液流通的缘故，甲床多呈粉色。甲根埋于手指皮肤皱襞下。甲根下的上皮细胞叫甲母质。甲母质是由不断进行有丝分裂使指甲生长的细胞构成。指甲帮助我们抓住，控制小物件，保护指端免受伤害，而且可以挠痒。指甲生长速度因人而异，但平均速度为每周 1 毫米。

手指越长，指甲生长速度越快。

皮肤的功能

皮肤的一项重要功能便是保护。皮肤覆盖全身，形成物理屏障，保护其下组织不受外物和细菌侵袭，防止人体脱水和受到紫外线伤害。表皮层内的一些细胞有免疫作用，能抵御病菌入侵。毛发和指甲同样起保护作用。

皮肤还有其他功能。在调节体温上，它扮演了重要的角色。在高温环境下或剧烈运动情况下，汗腺将产生汗液，而汗液的蒸发则为身体提供了一个降温机制。在低温环境中，汗液减少。而且，汗液还有助于身体的排泄。除了热量和水，还有小部分盐分和几种有机化合物随汗液排出体外。

皮下组织中包含了大量的血管网，其中通行的血流量相当于一个静止成人总血流量的 1/10。

因此，皮肤也是一个“蓄血池”。感知温度、触摸、压力和疼痛的神经末梢也分布于皮肤内。维生素 D 的合成也开始于紫外线照射激活皮肤内的前体物，它将转化为维生素 D 群中最为活跃的骨化三醇。骨化三醇能帮助从消化道中吸收食物钙质，使其进入血液。

皮肤与年龄

不管用多少面霜，涂多少乳液，进行多少次面部护理或美容手术，岁月的痕迹最终都会在皮肤上显现出来。在 40～50 岁的时候，这些变化就会显现出来（见图 11.2）。胶原纤维不断减少，变硬，断裂，皮肤变得松弛黯哑。弹性纤维逐渐失去一部分弹性，并渐渐变粗变成块，不断萎缩磨损。这样，皮肤便会出现间隙和褶皱，也就是我们看到的皱纹。生成胶原纤维和弹性纤维的细胞数量不断减少。

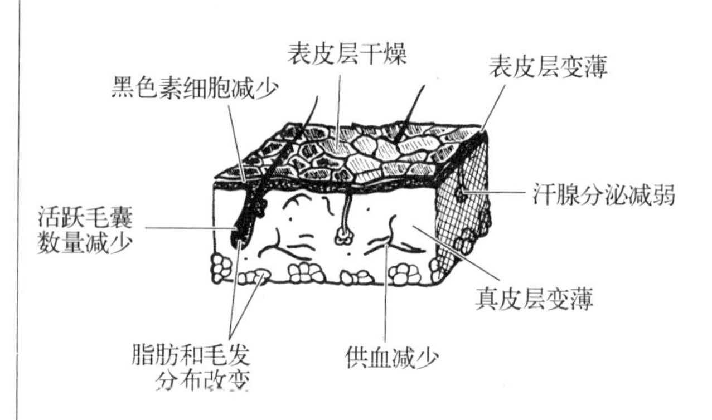

图 11.2 皮肤的变化，随年龄的增长

皮脂腺变小，导致肌肤干燥皲裂，更容易被感染。朗格汉斯细胞数量也不断减少，因此老化皮肤的免疫反应更慢。巨噬细胞功效降低，退化为普通的吞噬细胞。比起年轻的皮肤，老化的皮肤伤口愈合更慢，而且更容易遭受瘙痒、褥疮、疱疹和皮肤癌的困扰。老化的皮肤比年轻的皮肤薄，尤其是真皮层。细胞从皮肤底层到上层的移动速度变慢，皮下脂肪不断流失。有些黑色素细胞体积变大会形成雀斑。越来越多的黑色素细胞丧失功能，导致头发变白。指甲和毛发生长速度也将变慢。

随着年龄变老，汗液的产生也会减少，因此，老年人更容易中暑。

皮肤病

粉刺

老年人要应对皮肤老化的问题，青少年和年轻人也会被痤疮粉刺困扰。粉刺是由皮脂腺炎症引起的。皮脂腺从青春期开始活跃，其体积变大，油脂分泌增多。类固醇激素极大地刺激了皮脂腺的分泌。细菌会堵塞皮脂腺管，引起发炎，此时要服用抗生素。局部使用维生素A药膏也可起效。

牛皮癣

牛皮癣是一种慢性、非传染、易反复发作的皮肤顽疾，其特征是红斑表面覆盖鳞屑，好发于头皮、手肘、膝盖、背部和臀部。牛皮癣患处表皮细胞进行反常的高速有丝分裂。诱发牛皮癣的因素有很多，包括病毒感染、免疫功能障碍。结构与维生素A相似的类固醇和自然光线的照射对牛皮癣有治疗作用。

皮肤癌

过度曝晒可能导致皮肤癌，其发病率在不断上升。常见的皮肤癌有3种。基底细胞癌源发于表皮的最底层，占皮肤癌总量的78%，扩散概率小。大多数鳞状细胞癌源发于已经被太阳损害的皮肤组织，占皮肤癌总量的20%。这两种皮肤癌均可通过手术切除，治愈率很高。恶性黑色素瘤源发于黑色素细胞，占皮肤癌总量的2%。因其能迅速转移扩散，确诊后数月便可致命，其恶性程度极高。治疗恶性黑色素瘤的关键是早期检测。高风险人群（毛发、眼睛、皮肤颜色偏浅以及长期暴露在太阳下的人群）在身体黑痣出现颜色、大小和质地改变时，应经常检查并处理。

小结

- 皮肤系统是由皮肤及其毛发、腺体和指甲等附属结构构成的。
- 就面积和质量而言，皮肤是人体最大的器官。皮肤主要由表皮和真皮组成，表皮由几层组成。表皮的最底层是由分裂性极强的细胞构成，能够更新替换皮肤表层的死去的角质细胞。表皮由角质细胞、黑色素细胞、朗格汉斯细胞和默克尔细胞组成。
- 真皮位于表皮之下，由结缔组织和弹性组织组成。黑色素、叶红素和血红素影响肤色。
- 毛发是由死去的角化细胞构成，在一定程度上能保护皮肤免受太阳伤害，防止热量散失，并能防止异物进入眼睛、耳朵和鼻腔。毛发还能感知轻微的触碰。
- 皮肤上有4种腺体：皮脂腺、汗腺、耵聍腺和乳腺。皮脂腺通常与毛囊相连，其分泌的皮脂能滋养毛发，形成皮肤防水膜。汗腺主要分为小汗腺和大汗腺。小汗腺遍布全身，大汗腺主要分布于腋下、阴部和乳头周围。

- 皮肤是保护身体不受物理、化学和生物侵袭的屏障。皮肤的功能包括分泌，保护，调节体温，感知疼痛、温度和触碰以及合成维生素 D。
- 在 40 岁后，皮肤开始老化。老化迹象包括出现皱纹，损失皮下脂肪，皮肤丧失弹性，皮脂腺体积变小，汗液变少，黑色素细胞和朗格汉斯细胞数量减少。
- 在青春期，皮脂腺可能堵塞，导致粉刺。牛皮癣是一种非传染的皮肤疾病，因为表皮细胞的过分繁殖，患处皮肤表面呈鳞状。

第十二章 12

肌肉骨骼系统

关键词

肌球蛋白； 肌动蛋白； 肌节；
类固醇； 闰盘

睡眠状态时，我们依赖自己的身体通过动脉和静脉泵血液，呼出和吸入空气，以及在床上改变体位。当我们醒来时，我们睁开眼睛，关掉闹钟，跳下床，并且准备早饭。所有对我们日常生活十分重要的这些司空见惯的功能，全部依靠骨骼肌肉系统。

肌肉——结构和功能

肌肉组织有 4 个特性。

- **电兴奋性：** 指肌肉组织具有接受刺激并且产生反应的能力（环境中的改变强度达到足够发动一次神经冲动）。
- **收缩性：** 指肌肉组织接受足够的刺激，可以引起肌肉收缩变短且变粗的能力。
- **伸展性：** 指肌肉组织具有伸展或延长的能力。
- **弹性：** 指肌肉组织进行收缩或伸展后，能够恢复原状的能力。

通过收缩运动，肌肉行使 3 项重要的功能。当肌肉与骨骼和关节接合到一起，它们在机体的运动中起作用，就像走路、跑步、抓握、点头等。另外一些肌肉并不通过骨骼和关节控制运动。心跳，胆囊收缩，以及消化道的收缩运动因肌肉的活动性而产生。即使是站立不动也不是件容易的事，骨骼肌的收缩是身体保持静止的体位，因此骨骼肌的收缩在保持姿态中扮演重要的角色。肌肉收缩的一个副产品是热量。这类热量有助于维持身体的体温。骨骼肌的不自主收缩被称为寒战，寒战可以使机体的产热率增加若干倍。

根据肌肉的结构、功能和位置的不同，可分为三种类型——骨骼肌、平滑肌和心肌（见第十章，图 10.3）。它们在结构、功能和分布上各不相同。

骨骼肌

骨骼肌占个体体重的 40%～50%（见图 12.1）。

大部分骨骼肌与骨骼相连。肌肉末端变成锥形形成致密的连接纽带（肌腱），肌腱将肌肉连接在骨骼上。身体 600 多块骨骼肌中的绝大部分是骨骼系统中的部分运动，这包括闭合眼睑相关的肌肉以及控制来自膀胱的尿流的肌肉。人们把一些骨骼肌定义为屈肌和伸肌。当屈肌（如肱二头肌）收缩时，引起关节弯曲。当伸肌（如肱三头肌）收缩时，关节伸直，肌肉缩短和拉长。肱二头肌和肱三头肌之间的关系成为拮抗肌，因为一块肌肉有与另一块相反的作用（见图 12.2）。命令一块肌肉收缩的神经指令

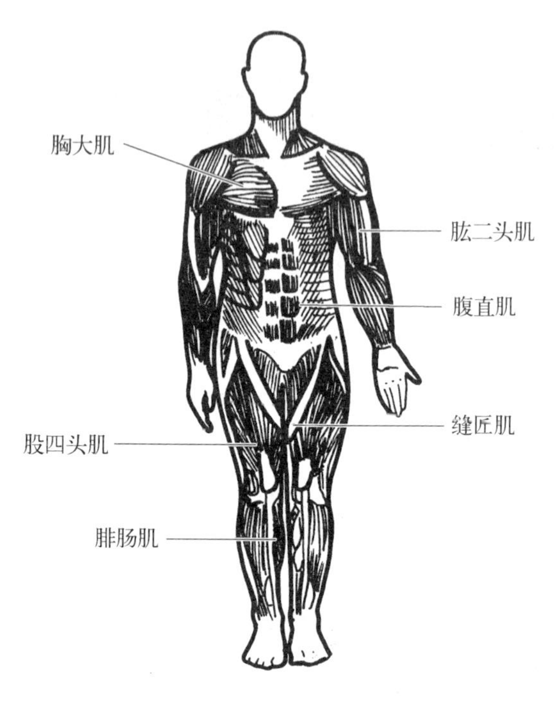

图 12.1 骨骼肌

同样会抑制拮抗肌。骨骼肌以其快速收缩而著称。

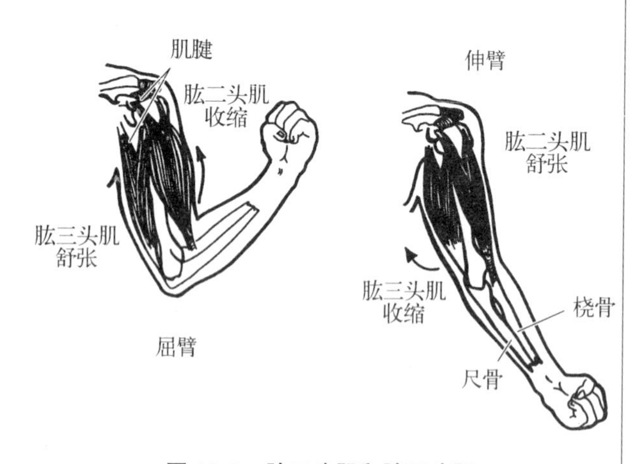

图 12.2 肱二头肌和肱三头肌

肌肉细胞是圆柱形，并且长度足有 100 微米。这种结构更合适的称谓是肌纤维，因为肌纤维贯穿整块肌肉的长度。由于尺寸很大，每个肌细胞都有上千个细胞核。每块肌肉包含大量的肌纤维。每根肌纤维被连续的质膜所覆盖，并且由肌原纤维（精细的纵行纤维）整合到一起。每一条纤维包含一组线性的收缩单位叫做肌节（见图 12.3）。肌节有两种收缩单位，细肌丝（肌动蛋白）和粗肌丝（肌球蛋白）。因此，在显微镜下观察时，肌肉纤维呈标志性的横纹状。每一束肌节都包裹在结缔组织鞘中。骨骼肌在显微镜下呈狭长、多细胞核、无分枝状。

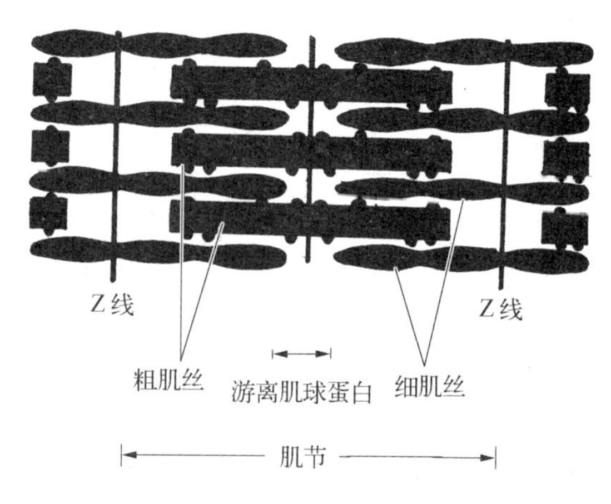

图 12.3 肌节结构

骨骼肌的收缩是自主运动，并在神经的支配下完成。

平滑肌

平滑肌通常参与与维持机体内环境相关的生理过程。它们位于空腔脏器的壁中，包括血管以及胃肠道。平滑肌同样连接于毛发根部。平滑肌纤维较骨骼肌细小，具有一个球形、居中细胞核的纺锤体。平滑肌的肌丝没有规则的模式，因此在显微镜下看不到条纹。由于其结构特点，平滑肌发动一次收缩要比骨骼肌花费更长的时间，收缩运动平息也要花费更多的时间。平滑肌的收缩是不自主的。

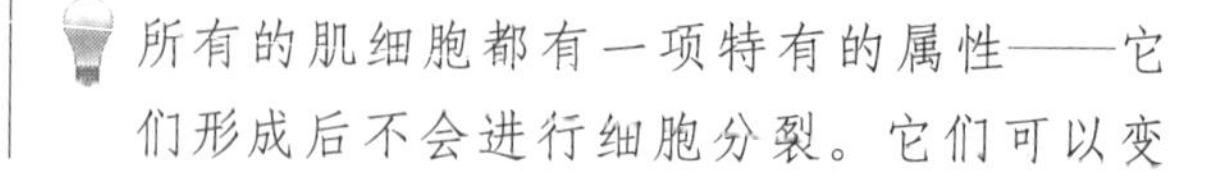
所有的肌细胞都有一项特有的属性——它们形成后不会进行细胞分裂。它们可以变

长和变粗，但是不会进行有丝分裂。

心肌

心肌是心脏壁的基本组成成分。心肌有着独特的功能特征组合。和骨骼肌一样，心肌呈梭形。和平滑肌一样，心肌受非自主运动控制，并且只有一个居中的细胞核。心肌组织需要持续不断的氧气供应。心肌细胞的胞质比骨骼肌更丰富，并且细胞的线粒体体积更大、数量更多。心肌细胞不像其他的肌肉组织，其末端彼此间通过一个致密的盘(闰盘)排列成行。这些盘装结构强化了心肌组织，并且让电冲动从一根肌纤维传导至另一根。当其中一根纤维受到刺激，那么所有的纤维都会接收到刺激，并且它们以同步的方式进行收缩。心肌细胞收缩刺激的产生依赖一个叫做窦房结(起搏点)的特定区域。

由于钙离子释放的延迟，心肌细胞的收缩时长是骨骼肌细胞的10～15倍。心肌细胞在每一次搏动之间呈松弛。

肌肉收缩

肌肉收缩所需要的能量从何而来？肌肉可以产生腺苷三磷酸(ATP)。然而，肌肉中储存的ATP几秒钟就会耗尽。肌纤维中的一种高能化合物(磷酸肌酸)将腺苷二磷酸(ADP)转化成ATP(见第25页)，并为肌肉收缩提供额外的能量。当磷酸肌酸用尽后，骨骼肌和肝脏中的糖原分解成葡萄糖，而葡萄糖能为肌肉活动提供数分钟的能量。一旦葡萄糖供应不足，肌肉会分解脂肪产生能量重新生成ATP。脂肪从规律的饮食中获得，其供应几乎是无限的。

描述肌肉收缩的模型称为肌丝滑动。ATP结合在肌球蛋白(粗肌丝)头部，肌球蛋白头部从肌动蛋白(细肌丝)结合位点解离。接下来，ATP分解为ADP和磷酸，并释放出能量。肌球蛋白头部获得其中部分能量使其机构改变。钙对于肌肉收缩来说是必要的。钙通过开启肌动蛋白分子上的结合位点，其作用就像一个分子扳机。这使得肌球蛋白的头部能够连接到肌动蛋白上。肌球蛋白头部在释放ADP和磷酸时会弯曲。弯曲的力量拉动细肌丝向肌节的中心运动。这个运动就是引起细肌丝沿粗肌丝滑动的分子机制。滑动使得肌节缩短，并引起肌肉收缩。

肌肉收缩释放的全部能量中只有一小部分转化为机械功。骨骼肌收缩所产生的热量是保持正常体温的重要机制。多达85%的能量以热能的形式释放。

肌肉抽搐、抽动、铡刀样痉挛——也就是骨骼肌的异常收缩。痉挛是大肌群中的一块肌肉突然不自主的收缩。铡刀样痉挛是一种痛苦的痉挛性收缩。颤栗是拮抗肌群节律性、不自主、无目的的收缩。肌束颤栗是不规则地皮下肌肉不自主、短暂的抽搐。纤颤是一种类似的抽动，但是在皮下观察不到。抽动是自主肌群发生不自主的痉挛性抽搐。这些抽动可以发生于眼睑或者面部肌肉。

肌肉疾病

纤维肌痛

纤维肌痛好发年龄为25～50岁。女性是男性的15倍。这种疾病影响肌肉、肌腱和韧带的纤维结缔组织组成成分。肌肉、肌腱以及周围软组织出现疼痛、压痛和僵硬。生理或精神的应激、损伤以及暴露于潮湿寒冷的环境，睡眠质量差或者类风湿都会引起或加重该病。承重部位如腰部（腰痛）、颈部、胸部和大腿更容易发病。

肌营养不良

肌营养不良是一种性别相关的遗传性肌肉破坏疾病。3 500 名男性中会有 1 名发病。每根肌纤维都会发生退行性改变，发生骨骼肌进行性萎缩。通常情况下，身体两侧的自主肌肉对称性衰弱。内脏肌肉并不受累。发病年龄一般在 3～5 岁之间。患者最终只能依靠轮椅活动。血液检查检测到一种酶（磷酸肌酸激酶）升高可以确诊。该疾病目前无法治愈。

骨骼——结构和功能

骨骼系统从结构上分为两种结缔组织：骨和软骨。骨组织包含大量的细胞间质围绕在分散的细胞周围，这些细胞称为骨细胞。骨的细胞间质包含丰富的矿物质盐，主要是磷酸钙和碳酸钙。随着盐的沉积，骨化（变硬）形成。

骨并不完全是固体，也不是单一成分（见图 12.4）。事实上，在所有骨的坚硬组分之间都有空间。这些空间为运送营养物质滋养骨细胞的血管提供通道，同时使骨骼变得更轻。按照空间的大小和分布情况，不同部位的骨可分为密质和松质。骨松质组织含有很大的间隙，其中充满了红骨髓。大部分的短骨、扁骨、不规则骨和长骨的末端都是骨松质。相反，骨密质是仅有少量间隙的致密组织。它是在骨松质表面沉积形成的。骨密质为身体提供保护和支撑，并且使长骨能够承受重量。

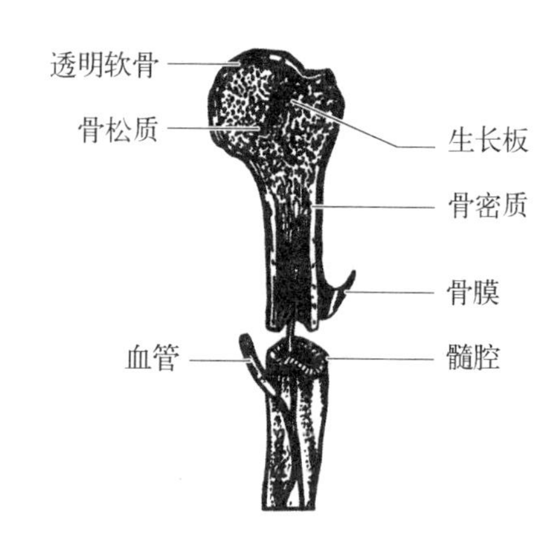

图 12.4 骨的结构

骨骼系统的主要功能是支撑。骨骼是我们身体的框架，软组织的支撑。它们为许多肌肉提供结合点。同时，骨骼也保护内脏器官免受伤害。颅骨保护大脑，椎骨保护脊髓，胸廓装载着心脏和肺，骨盆保护着内生殖器。

骨骼是肌肉连接的杠杆。当肌肉收缩时，骨骼产生运动。骨骼是矿物质的主要储藏位置，尤其是钙盐和磷酸盐。这些矿物质在机体需要时可以分配到身体其他部位。一些特定骨中的红骨髓有产生血细胞的功能。骨髓含有未成熟的血细胞（干细胞）、脂肪细胞和巨噬细胞。红骨髓产生红细胞、一些白细胞和血小板。

随着年龄的增长，一些骨髓由于三酰甘油（甘油三酯）的含量增加而变成黄色。

骨和皮肤一样，都有在整个生命阶段自我更新的能力。在再生过程中，新生的骨会取代磨损或者损坏的骨。股骨远端（离中心最远）每 4 个月会更新 1 次。相比之下，一些中轴区域的骨一生也不会完全更新。自我更新的能力使骨成为机体钙的仓库。血液与骨骼不停地交换钙：血液在自身或机体其他组织中钙不足时从骨骼中摄取钙，又通过每日的饮食为骨骼补充钙，防止骨质流失。

年幼时骨骼的正常生长以及成年后骨骼的正常更新依赖多种因素。充足的钙和磷酸盐，这些是组成骨的主要无机盐，它们必须经由食物摄取。人类需要充分的维生素。特别是维生素 D，它参与消化道将钙吸收入血的过程、骨中钙的移除和肾脏吸收可能由尿液流失的钙。

性激素（类固醇）是一把双刃剑。它们帮助新骨的生长，但它们也会引起骨板（与长骨的纵向增长有关）处软骨细胞的退化。由于性激素的作用，正常青少年会在青春期类固醇水平增高时，经历身高快速增高。机体由于骨板的消失会迅速完成生长。过早的青春期会使个体不能达到正常成年人的身高，这是因为其同时伴随的骨板过早退化。

机体必须产生适量的各种与骨组织活动相关的激素。

- **生长激素：** 由腺垂体分泌，与骨骼的普遍生长相关。
- **降钙素：** 由甲状腺产生，可加快骨对钙的吸收。
- **甲状旁腺素：** 由甲状旁腺分泌，使钙由骨释放入血。

身体里几乎所有的骨都可以按照其形状的不同而分为长骨、短骨、扁骨和不规则骨。

- **长骨：** 长度大于宽度，轻微弯曲以利承重。骨的弧线结构有利于从多点吸收身体的重量，使得体重得以平均分散。如果骨是笔直的，身体的重量就无法平均分布，那么骨就更容易折断。股骨、下肢骨。趾骨、肱骨、尺桡骨和指骨都属于长骨。
- **短骨：** 短骨是一些方形的骨，其长宽基本相等。它们表面是一层骨密质，内部质地疏松。有代表性的短骨有腕部和踝部的骨骼。
- **扁骨：** 扁骨通常是由两块或更多的骨密质平行板环绕一层骨松质的结构。它们可以提供重要的保护并且使肌肉有更大的区域可以与骨接合。扁骨包括颅骨、胸骨、肋骨和肩胛骨。
- **不规则骨：** 不规则骨有复杂的形状，不能按上述的分类方法划分。它们在疏松结构和致密结构的含量上，也各不相同。椎骨和一些面颅属于不规则骨。

除此之外，还有另外两种骨，它们不属于以上任何一类。缝间骨是两个特定颅骨关节之间的小骨头。其数量的个体差异很大。籽骨是肌腱内的小骨头。肌腱，如腕部，常产生巨大压力。这些骨在数量上也有很大的个体差异。髌骨自成一类。

成人的 260 根骨头划分为两个基本类别：中轴骨和四肢骨（见图 12.5）。

男性和女性的骨骼有很大的区别。男性的骨骼通常较女性的粗重。男性骨骼的末端比中部要粗。此外由于男性的肌肉比女性的强壮，男性的骨骼接合点区域比女性要大。

女性骨盆环有助于胎儿娩出。

中轴骨

中轴骨包括沿垂直方向的坐标走行的骨骼——头颅的脑颅和面颅、听小骨、舌骨、脊柱、胸骨和肋骨。中轴骨使骨骼具有保护功能。由头部骨骼组合成的头颅为大脑提供很好的保护。舌骨是独一无二的，因为它不与其他任何骨骼以关节相连。韧带和肌肉将舌骨悬吊起

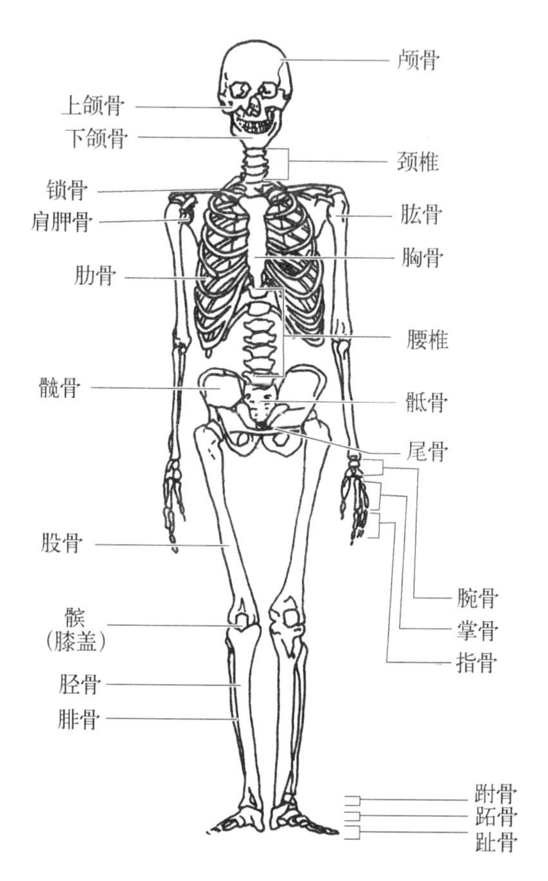

图 12.5 人类骨骼

来。舌骨位于颈部上腭与喉之间。它支撑舌，也为一些肌肉提供接合点。舌骨在扼杀时常被折断。

听小骨(每个耳中有 3 块)是体内最小的骨头。

柔韧的脊柱包括 26 根椎骨，它们排列成优雅的弧线，每两块之间垫有盘状的软骨。椎间盘在人类身上尤为重要，这是因为用双脚直立行走使得脊椎要承受全部上身体重。如果没有椎间盘，椎骨会相互挤压成粉末。坐在椅子上会对椎骨产生更大的压力，经常会引起背部疼痛，这是久坐生活的一种常见坏处。脊椎有四个生理弯曲，这就增加了脊椎的强度，帮助我们直立的姿势保持平衡，吸收行走中的冲击，帮助保护脊椎使其不会折断。

肋骨由椎骨延伸出来，在腹侧与胸骨相连最下端的两对肋骨末端不与胸骨相连。肋骨中的骨髓是产生红细胞能力的骨髓之一。

四肢骨

可以活动的四肢连接于中轴骨上就构成了四肢骨，四肢骨构成了一个杠杆系统，使机体有活动能力且敏捷。肩背使上臂保持在中轴骨。肩背部包括两块肩胛骨和两块锁骨。人类上臂有很好的灵活性。人手既强壮又灵活。

锁骨是身体中最容易骨折的骨头——锁骨可以在分娩时折断。

骨盆环通过脊柱接收上半身的重量，并将其传递到腿骨或者座位平面。由于女性需要适应分娩，她们的骨盆与男性有着不同的形状。尽管人类的脚不像手那么灵活，它却可以承受巨大的力量。其原因在于足骨弓形的形状。弓形是支撑重量最有效的结构。想是利用了弓形结构的工程学成果。

关节和韧带

两块骨骼连接在一起的位点称为关节。一般来说，关节越灵活就越脆弱。颅骨缝将头颅的每块骨板连接到一起。颅骨缝非常坚固，并且在两岁以后基本丧失活动能力。相反，肩部是活动度最大的关节，这也使其容易脱臼。肩关节是球和囊组成的。屈戌关节像膝关节和肘关节一样可以前后运动。车轴关节使得前臂于肘关节处可以旋转。关节毗邻骨靠强韧的结缔组织带连接在一起，这种结缔组织带称为韧带。

韧带的强韧度是使骨骼相互紧挨在一起的基本机制之一。扭伤是外力作用下关节的扭动或搅动拉伸或撕扯韧带，但是并不是骨头脱臼。

> 软骨由密集的胶原纤维和弹性纤维网所构成。透明软骨是含量最丰富的软骨，它弹性极好，可提供支撑，并在关节处减少摩擦力和冲击力。纤维软骨强韧且坚固，是最坚固的软骨。构成椎间盘的正是纤维软骨。弹性软骨坚韧有弹性，使得内耳可以保持其形状。

骨骼与肌肉的协调

肌肉、骨骼和关节相互独立运作，但是它们需要协调地运转才能对外做机械工。机体将骨骼作为杠杆，关节作为支点。身体每一部分的运动都是靠以支点（机体的一个关节）为中心杠杆（以骨骼为代表）上的力（由肌肉收缩产生）完成的。

骨骼疾病

骨折

除非经历骨折，否则你恐怕很少想到过每天日常活动中骨骼所承受的压力。任何形式的骨骼折断都称为骨折。在一部分骨折情况中，骨并没有完全断开，而在完全性骨折中，骨断为两截。骨折有很多种类型。

- **闭合性骨折（单纯骨折）：** 皮肤没有受到破坏。
- **开放性骨折（复合骨折）：** 断骨经由皮肤穿出。
- **青枝骨折：** 仅见于儿童。骨的一侧折断，而另一侧弯曲。
- **嵌插骨折：** 一块骨折碎片牢牢插入另外一块。
- **疲劳骨折：** 一部分疲劳骨折的发生是由于骨无法承受反复施加的外力，通常是由于训练方式的改变、更坚硬的地面、更长的行程或者更快的速度所引起的。这类骨折通常发生于赛跑运动员或慢跑者。

在骨折过程中，血管破裂、血液涌出并凝固，在骨折区域形成血凝块。新生的骨组织于骨折发生后48小时在骨折区域附近开始生长。机体会对已经死亡的碎块进行重吸收。骨密质于外层取代骨松质，因此每次骨折后骨骼都会变得更加坚固。

骨质疏松症

骨质疏松症的患者群为女性多于男性，白种人多于黑种人，是一种年龄相关性疾病。骨质疏松症通常发生于绝经后。由于成骨细胞的数量减少，引起骨质的减少，从而使骨折的风险增大。骨质疏松症可影响整个骨骼系统，但主要影响脊柱、髋骨、腿骨和足骨，导致脊柱缩短，背、骨盆骨折以及多种疼痛。多种致病因素可加重病情，如：雌激素水平下降、钙缺乏和吸收障碍、维生素D缺乏、肌肉量减少以及活动不足等。充足的钙供应和不断增加的负重练习可以帮助症状的改善。雌激素替代疗法是过去用于治疗骨质疏松的常规方法，但近期由于其不良反应而受到指责。

维生素D缺乏

维生素D缺乏的儿童会引起佝偻病。佝偻病患儿的身体无法将钙和磷从消化道运送至血液并输送至骨骼。陈旧软骨不能退化，新生软骨于骨的末端，这样骨就无法硬化。随着患儿的生长和体重增加，腿骨弯曲成弓形。治疗和预防佝偻病的措施包括富含钙、磷和维生素 D 的饮食。

> 骨软化是由成人维生素 D 缺乏所引起的。在骨软化患者骨骼中会发生脱矿物质作用，引起腿骨弯曲，脊柱缩短和盆骨扁平。其防治措施和佝偻病相同。

小结

- 人类身体包括大约 600 块肌肉。这些肌肉根据其结构、功能和分布的不同分为骨骼肌、平滑肌和心肌。
- 骨骼肌通常连接至骨骼，与自主运动相关。骨骼肌由许多的条纹状、多核细胞组成。平滑肌是不自主肌，由单核、无条纹结构的细胞组成。内脏器官是由这些梭形细胞组成的。
- 心肌仅存在于心脏组织中，由条纹状、单核细胞组成，心肌细胞之间靠闰盘相连。
- 肌肉依照肌丝滑动原理进行收缩。肌肉除了与运动相关，也可以产生多达 85%的热量，使人体能维持正常体温。
- 骨骼肌的异常收缩可以引起痉挛和抽搐。纤维肌痛是一种发病原因不明的肌病，并且很难治疗。肌营养不良是一种遗传性的骨骼肌变性。
- 骨骼系统的功能是支撑和保护。此外，骨骼还是钙、磷的主要储存场所。红骨髓是产生血细胞的场所。
- 大多数骨可以根据其形状进行分类——长骨、短骨、扁骨和不规则骨。骨骼系统两个基本的类别为中轴骨和四肢骨。
- 中轴骨包括沿垂直坐标走行的骨，而可活动的四肢连接于中轴骨上就构成了四肢骨系统。成年男性和女性的骨骼的不同是可以辨认的。
- 关节、韧带和软骨是肌肉与骨骼相连，促成协调的机体运动。
- 骨骼疾病包括骨折、维生素 D 缺乏和骨质疏松症。

第十三章 13 消化系统

关键词

蠕动； 外分泌； 辅酶；
乳糜管； 食团； 导管；
括约肌

纤维素是地球上最为丰富的有机物质。人体可以摄取纤维素却不能吸收它。纤维素帮助在饮食中形成纤维并促进食物和废物在胃肠道蠕动。

想象一下你最爱的食物：一个洋葱汉堡、一碗热气腾腾的蔬菜汤、一盘意大利面或是一块樱桃芝士蛋糕。你的身体则把它们看作碳水化合物、脂质和蛋白质。我们所吃的食物提供身体所必须的能量、结构材料和调节机体的化学物质。

饮食的化学成分

糖类(碳水化合物)

当听到碳水化合物这个词时，你可能想到面包，马铃薯或意大利面。的确是这样，但碳水化合物却不仅限于此。碳水化合物由碳、氢和氧构成，包括淀粉、肝糖原、纤维素和糖类。在人体中，碳水化合物的最主要作用即提供可利用的化学能，产生能量(ATP，腺苷三磷酸)，来促进代谢反应。一些糖类是核酸构成的来源。人体中，肝糖原是碳水化合物的主要储藏形式，存在于肝脏和骨骼肌中。碳水化合物占人体体重的2%～3%。

脂质

脂质包括三酸甘油脂、磷脂、类固醇、脂肪酸和一些维生素，例如维生素E和维生素K。大部分脂质不溶于极性溶剂，例如水，所以具有疏水性。身体中最多的脂质为三酸甘油脂。化学角度上来看，三酸甘由一个甘油分子和三个脂肪酸分子构成。它们在人体里保护、隔离并储存能量。每克三酸甘比每克碳水化合物或者蛋白质多提供两倍的能量。它们主要是储存在脂肪组织，而食物来源(碳水化合物、蛋白质和油脂)的额外部分也是储存在脂肪组织里。

磷脂是细胞膜的主要组成部分，由甘油、两条脂肪酸链和磷酸基构成。类固醇包含四个碳环，有很多功能。例如，胆固醇是动物细胞膜的微量成分，也是胆汁盐、维生素D和类固醇激素，包括性激素和肾上腺皮质激素类(例如皮质醇和醛固酮)的前驱体。其他对人体很重要的脂类化合物包括核酸、胡萝卜烯类、维生素E、维生素K和脂蛋白。脂类占人体体重的18%～25%。

蛋白质

氨基酸是组成蛋白质的基本单位。氨基酸和蛋白质都是由碳、氢、氧和氮组成的有机化合物，部分含有硫。蛋白质在人体中发挥极大的作用，参与到组织、调控、收缩、免疫、运输和催化过程中。蛋白质占成年人平均体重的12%～18%。

维生素

人体需要少量的有机营养素——维生素——来维持成长和正常的新陈代谢。水溶性维生素(维生素B和维生素C)在消化管里被水吸收。脂溶性维生素(维生素A、维生素D、维生素E和维生素K)在消化道里同脂类一起被吸收。大部分维生素起着和辅酶一样的作用，辅酶是适当的生化酶作用必须的非蛋白质微粒。

大部分维生素不能由人体合成，需要从外界摄取。维生素K是一个例外，肠道细菌合成这一对血凝固至关重要的维生素，见表13.1。

表13.1 维 生 素

维生素	影响方面	主要来源
A	视力 皮肤 头发	奶制品 绿色蔬菜
D	骨骼 牙齿	奶制品 金枪鱼
E	红细胞膜	带叶蔬菜 全谷类
K	凝血	花椰菜 卷心菜
B_1	碳水化合物代谢	全谷类
B_2	能量代谢	牛奶 全谷类
B_3	能量代谢	全谷类 内脏器官
B_6	氨基酸代谢	全谷类 肉 鱼
B_{12}	红细胞形成	奶制品 肉
C	胶原蛋白形成	番茄 柑橘类的水果
生物素	碳水化合物代谢	鸡蛋
叶酸	红细胞与DNA的形成	坚果 橘子汁

矿物质

矿物质是地壳中自然生成的无机分子，占人体的4%并集中在骨骼内。矿物质可能和其他矿物质或有机化合物集聚在一起，或者在溶液中充当离子。人体中含量最多的矿物质分别为钙、磷、钾、硫、钠、氯、镁、铁和碘(见表13.2)。

表13.2 矿 物 质

矿物质	影响方面	主要来源
钙(Ca)	骨骼，牙齿，肌肉收缩	奶制品 绿色蔬菜
氯(Cl)	水平衡	食盐
铜(Cu)	血红素合成	豆类 海鲜
氟(F)	骨骼，牙齿	茶叶加氟水
碘(I)	甲状腺激素合成	食盐 海鲜
铁(Fe)	血红素合成	豆类 蛋 全谷类
镁(Mg)	蛋白质合成	全谷类 绿色蔬菜
磷(P)	骨骼 牙齿	奶制品 肉类 绿色蔬菜
钾(K)	肌肉收缩	果蔬
钠(Na)	平衡pH值 神经传导	食盐
锌(Zn)	组织生长 伤口愈合	豆类 肉类 全谷类

水

你可能听人说过人体大部分为水。事实上，一个成人体内的水含量超过60%。儿童体内含水量更高。对水的需求随着饮食、活动、环境气温和湿度的变化而变化。这使得要确定一般水需量有些困难。饮食中，水的最主要来源就是通过喝水或是喝饮料获得。几乎所有的食物都含有水。需要水的自觉反应就是感觉到渴。

消化系统的器官和附属器官

人体中，胃肠道（消化道）是从口腔到肛门的 9 米长的连续管道。消化管器官包括口、食管、胃、小肠和大肠。附属消化器官包括口内牙齿、舌头和唾液腺。小肠的附属器官包括胰腺、肝脏和胆囊（见图 13.1）。

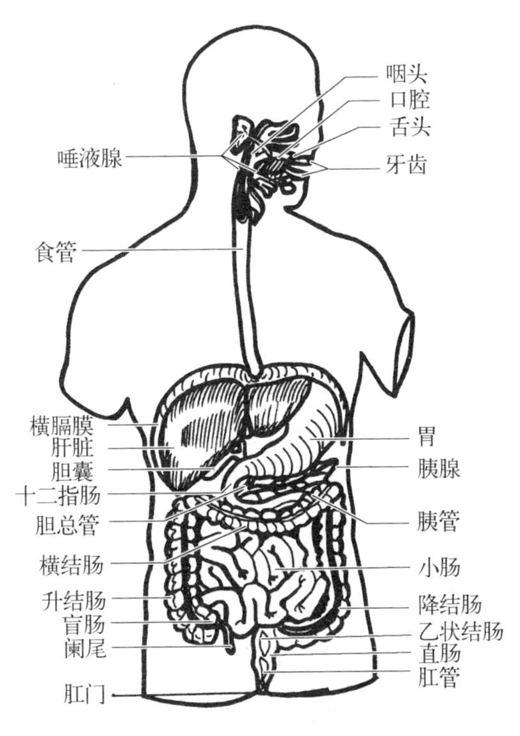

图 13.1 人体消化系统

消化系统通过以下五种基本活动为细胞提供营养：摄取、运动、消化、吸收和排便。食物通过摄取进入口内。食物在吞咽之后随着蠕动（通过消化道的肌肉收缩实现）进入消化道。化学消化将大分子食物分解为各种单体。心血管和淋巴系统可以通过小肠吸收这些单体。不能被吸收的物质则由大肠通过排便排出体外。

口、牙齿、嘴唇舌头和唾液腺

消化过程始于口。牙齿机械地将食物分解，通过咀嚼将固体食物磨碎成适合吞咽的小颗粒。舌头是一个肌肉器官，负责控制咀嚼食物，使食物形成食团（咀嚼过的食物球），并将食物放在适合吞咽的位置。味蕾在舌头表面，负责接收来自食物的刺激。唾液与消化过的食物混合成为食团。神经控制唾液的产生。口腔细胞（黏膜的少量腺体）产生一些唾液，大部分的唾液由 3 对涎腺（分别位于腮腺、下颚和舌下）分泌。

唾液主要为水，所以食物可以得到很好的消化。这样，食物在经过品尝之后可以通过消化系统。

唾液溶质包括重碳酸和磷酸、盐、粘蛋白和溶菌酶。碳酸和磷酸对食物进入口腔起缓冲作用；盐则催化淀粉消化；碳水化合物，例如淀粉，可以被口腔中的唾液淀粉酶部分分解。粘蛋白是一种唾液蛋白，可以润滑食物使其更易于吞咽。溶菌酶是一种可以消灭部分细菌的酶，所以是一些微生物的天敌。

食管

你能选择的和消化唯一有关的就是吃的食物了。只要食物被吃掉，并且食团到了咽部，也就是喉咙后部，消化过程就不再受你的控制。食团会经过一条布满黏液，可折叠的肌肉管道，即食管。食物通过蠕动作用沿着食管到达胃。食物到达胃后食管底部的括约肌会收缩。

胃

胃的结构功能齐全。胃呈现 J 型囊状，胃壁有弹性，布满褶皱。这个肌肉器官会通过搅动食物加强机械消化，黏液则保护胃本身不会受影响。

一个充分张开的胃可以容纳大约 2 000 毫升(两公升)食物。

食物进入胃几分钟后,每隔 15～25 秒会有一波轻柔的蠕动。这些肌肉运动使食物变软,与胃液分泌物混合在一起将食物消化为褐色的液体,即食糜。神经脉冲和促胃液素(胃泌素)激素控制胃分泌。胃黏膜的上皮细胞负责产生各种分泌物。一层薄黏液可以在极酸环境下保护胃黏膜。由于分泌盐酸,胃部环境呈现酸性。盐酸有以下三种作用:

- 杀死特定细菌。
- 蛋白质转性。
- 激活胃蛋白酶。

首先,胃蛋白酶水解蛋白质。在得到胃胀和胃激素的刺激后,神经脉冲控制消化完胃中的食物。在 2～6 个小时后,食糜会进入十二指肠,也就是小肠的上部。幽门括约肌附近的食物混合消化功能最强,控制着食物从胃部进入小肠。在消化过程中,小部分的食糜进入小肠,大部分则会重回胃中继续消化。大部分的物质是被小肠吸收的,但是胃也可以吸收一部分物质,例如水、电解质、阿司匹林和乙醇(酒精)。

碳水化合物在胃中的时间最短,蛋白质和脂肪紧随其后。

小肠、胰腺、肝脏和胆囊

小肠长约 6 米,由以下三部分构成:

- **十二指肠:** 来自胃的酸性胃糜与胰腺、肝脏、胆囊和小肠壁上壁细胞分泌的消化液混合。
- **空肠:** 主要吸收营养物和水。
- **回肠:** 吸收营养物和水,与大肠连接处为回盲瓣。回盲瓣是控制食物从小肠流入大肠的通道。

小肠分段的特征可以使有食物的部分进行局部收缩,食物在每一段里与小肠接触大概 15 分钟左右。蠕动作用促使食物经过小肠。小肠的肌肉收缩作用比食管和胃的收缩作用弱很多。食糜会在小肠中停留 3～4 个小时,移动速度为每分钟 1 厘米。

小肠中有最多的食物水解酶,吸收了最多的营养物质。小肠的长度和褶皱增加了其表面积。小肠内壁的突出物为绒毛。每毫米有大概 10～20 根绒毛,大大增加了小肠的表面积。绒毛中有小动脉、小静脉和毛细血管,可以方便营养物进入心血管系统。每根绒毛里的乳糜管都可以使脂肪进入淋巴系统(图 13.2)。

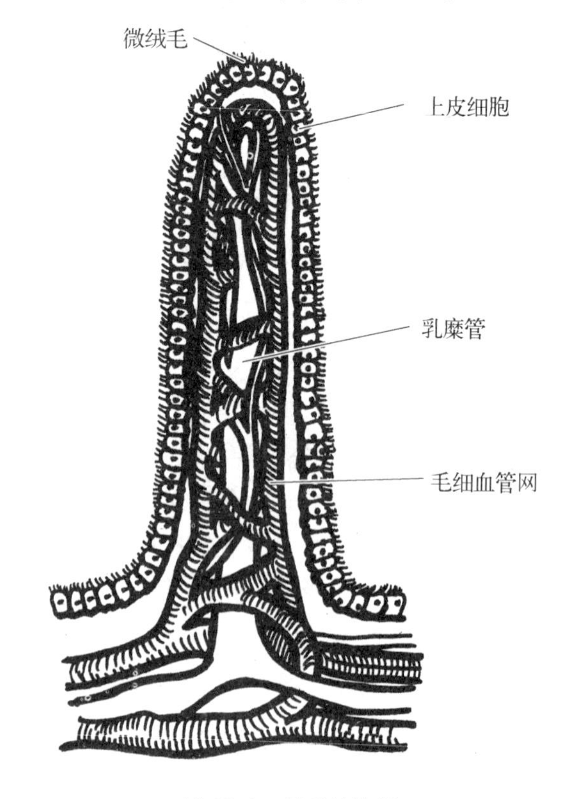

图 13.2 绒毛结构图

肠液为黄色透明液体，基本 pH 值为7.6。每天有2～3升的肠液产生，主要成分为水。当食糜和绒毛接触时，肠液协助绒毛吸收食糜里的物质。

小肠分泌一些酶将二糖（碳水化合物）转化为单糖，例如麦芽糖酶、蔗糖酶和乳糖酶。小肠同时分泌肽酶将蛋白质分解为氨基酸，而酶将氨基酸转化为脱氧核糖核酸酶和核糖核酸酶。

胰腺是消化系统的附属器官。胰腺的两根导管通过十二指肠与小肠连接。胰腺的外分泌部分，也就是管道部分的腺泡细胞产生胰液，即一系列的消化酶。胰液是透明无色液体，含有水、一些盐类、碳酸氢钠和部分酶。胰腺每天分泌 1.5 升胰液，能抑制胃蛋白酶的活动。

脂肪酶工作前，胆汁会先融化脂肪。肝脏是人体最大的内部器官，分泌胆汁并通过肝总管将胆汁输送到十二指肠。胆汁是黄色、褐色或橄榄绿色液体，包含水、胆汁盐、胆固醇、卵磷脂和胆色素。胆色素包括胆红素和几种离子。胆汁盐将脂肪球分解为脂肪滴，作用就如同清洗油腻餐具的洗涤剂。肝脏每天分泌约 1 升胆汁。

小肠中未用的胆汁会储存积聚到胆囊中。小肠和胰腺的脂肪在这里将脂肪分解为游离脂肪酸和单酸甘油脂。这些在绒毛里会被合成为三酰甘油（甘油三酸酯），在附上一层蛋白质后成为乳糜微滴。乳糜微滴进入淋巴管毛细管，接着进入淋巴管，再进入颈部的静脉。

摄取食物的分解代谢在小肠内完成；氨基酸、单糖和核甘酸通过毛细血管进入循环系统。血液将这些消化后的产物通过肝门静脉带到肝脏（见图 13.3）。肝脏的功能是在这些物质到达身体各部前进行化学上的改进。肝可以调控血液里的葡萄糖含量。

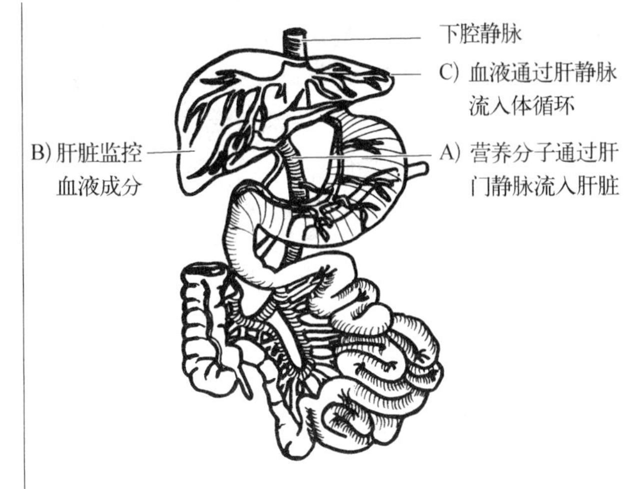

图 13.3 肝门静脉系

胰腺产生大量的消化酶。胰淀粉酶促进淀粉的消化。三种酶参与到蛋白质的消化中：胰岛素、胰凝乳蛋白酶和胃蛋白酶。胰腺也分泌脱氧核糖核酸酶和核糖核酸酶，参与分解氨基酸。胰脂肪酶分解脂肪。

大肠

小肠消化剩余物直接进入大肠或结肠。大肠为倒置 U 型。大肠中没有绒毛增加其表面积。消化道分泌的大部分液体都会被小肠吸收。大肠吸收的主要为水。未消化的植物纤维的蠕动作用较慢。这些物质在大肠内停留的时间可以长达 24 小时。

消化道的废物在经过大肠后更加坚硬。粪便中含有大量的细菌、纤维素和其他未消化的物质。粪便经过大肠到达很短的一段直肠。在直肠里，粪便通过肛门排出人体。两块括约肌控制着粪便的排出。第一块肌肉光滑，不受意识控制。第二块有皱褶，受意识控制。这也就使排便受意识影响，可以延迟，粪便也就可以在直肠中储存。

细菌活动，而非酶，帮助结肠里的化学消化。包括埃希杆菌(*E. coli*)在内的很多细菌在大肠中生存繁殖。一些细菌会产生一些维生素，例如生物素、维生素K、叶酸和几种维生素B。这些细菌将残留的碳水化合物发酵，并释放氢、二氧化碳和甲烷。

消化系统紊乱

溃疡

胃因为盐酸和低pH值，内部环境恶劣。胃的结构能够保护胃部及下面的器官不受影响。黏液黏膜是第一防护层，而且胃的上皮细胞有紧密接头，可以防止酸进入胃以下的器官。

每3天胃黏膜就会更新1次。

若黏膜被破坏，胃壁就会被胃内容物腐蚀破坏，从而造成消化性溃疡。如果胃液反流到食管，就会损伤食管。当酸和胃蛋白酶腐蚀胃壁后，酸就会刺激另一种蛋白——组胺分泌。组胺会加速产生盐酸，导致恶性循环。

直到20世纪90年代，人们治疗胃溃疡时普遍采用清淡饮食、抗酸药和抗组胺剂。最近的研究发现，幽门螺杆菌是超过80%以上溃疡的罪魁祸首。这一活动细菌有4～6根鞭毛，可以钻到胃黏膜中，在黏膜壁中生存，躲避胃的极酸环境。这一细菌在其定植的地方分泌毒素，造成连续炎症，使胃壁抵抗力下降。现在普遍使用抗生素彻底治疗这一细菌性溃疡。

结肠直肠癌

结肠直肠癌是最致命的恶疾之一。由于遗传原因，某些人易患结肠直肠癌。饮食中高动物脂肪、高蛋白和酗酒与结肠直肠癌增多息息相关。这一癌症的症状包括腹泻、便秘、痉挛、腹痛和直肠出血。肿瘤可通过手术切除。

肝炎

肝炎是由病毒、药物和化学物质，例如乙醇(酒精)造成的肝部炎症。由于造成肝炎的病毒不同，肝炎可能是轻微的，也可能是严重的。甲型肝炎是由病毒引起的可传染性疾病，通过粪便接触传播，在儿童和成人中都有发生，但相对轻微，一般可在4～6周痊愈，并不会对肝脏造成永久伤害。而丁型肝炎会造成严重的肝部损害，往往是致命的。

小结

- 口腔是消化道的开端，也是摄取营养的地方。口腔的消化功能很小，但口腔里的唾液淀粉酶可以消化碳水化合物。食物被吞咽后，会随着食管的蠕动进入胃。
- 胃是肌肉性器官，可以把食物搅拌混合成为流体食糜。小部分食糜进入小肠。小肠本身可以分泌各种酶来分解大分子。
- 氨基酸和单糖通过绒毛的毛细血管进入循环系统。脂肪通过乳糜管进入淋巴系统。吸收的大部分营养物质会经过肝脏再次加工。
- 大肠主要是储存未消化的食物残余，直到残余以粪便的形式被排出体外。大肠中进行的化学消化是由细菌促成的，这些细菌也帮助形成了一些维生素，例如维生素 K 和一些维生素 B。

- 大部分的溃疡由细菌感染造成，可使用恰当的抗生素治疗痊愈。结肠直肠癌是最致命的恶疾之一。一些人是这种癌症的易染病体质。肝炎是由病毒、药物和化学物质，例如乙醇（酒精）造成的肝部炎症。

第十四章 14 循环系统

关键词

肥大细胞； 内吞作用；
胞外分泌； 心包膜；
纵隔膜

大约公元 200 年时，伽林是罗马皇帝马可·奥里利乌斯（Marcus Aurelius）的外科医生。他认为肝脏内的"自然元素"将食物转化为血液，血液流至心脏，然后到动脉，再流到组织，在组织里被吸收。他推断，陈血被肝脏里形成的新血所替代。静脉被认为是与动脉分开的。在静脉里，血液来回流动。这一理论延续了 1 400 年。你也许会说科学是止步不前的。

威廉·哈维

1628 年，威廉·哈维（William Harvey）假设，血液在身体内循环。血液通过动脉流出心脏，流过组织，最后通过静脉流回心脏。他用了一个很简单的实验来展示了血液的单程流动，在如今的小学课堂上，这一实验经常被重复使用。他把手指按压在前臂上的一个主要静脉上，然后将按压的手指从静脉向手的方向移动，把血液挤出静脉。如果静脉只是在一个方向上运送血液，即将血液送回心脏，那么届时静脉应该是空的。实际上，直到他移开手指，静脉仍是空的。许多伟大的科学实验非常简单而有说服力。在动脉与静脉之间的连接变得直观之前，需要显微镜。1661 年，马尔比基（Marcello Malpighi）通过显微镜观察青蛙的肺组织，发现了毛细血管。

循环系统由 3 个部分组成：血液、血管及心脏。我们将逐一复习这 3 部分。

血液

血液是身体内唯一的液体结缔组织。成人体内约有 4.7 升血液。血液有运输、管理及保护的功能。血液可以运载氧气、二氧化碳、营养物、激素、热量及废物。血液可以管理身体的温度、pH 值及细胞的含水量。

凝血能防止血液流失，吞噬白细胞及抗体能防止疾病，从而保护身体。

血浆的构成及功能

血浆占血液的 55%，是一种清澈的、淡黄色的液体，基本上算是水与血液的溶剂。血浆可以运输营养物、新陈代谢的废物、呼吸气体及激素。血浆蛋白质主要有 3 种。

- **清蛋白：** 是最小的也是数量最多的血浆蛋白

质。清蛋白通过毛细血管能弥补失去的水分，并能运输一些类固醇激素。

- **免疫球蛋白**（抗体）：通过杀灭细菌及病毒在免疫系统内起作用。其他的球蛋白可以运输铁、脂肪及脂溶性维生素。
- **纤维蛋白原**：是第三种血浆蛋白质，它在凝血方面起着重要作用，并提供必要的蛋白质网。多种离子是血浆中的溶质。它们在渗透平衡、pH 缓冲及管理膜渗透性方面起着关键作用。

血细胞——结构与功能

50%以下的血液是由细胞组成的。这些细胞包括将氧气运输给细胞的红细胞、起抵抗和免疫作用的白细胞及修补血管的血小板。

血液的细胞

细胞类型	功　能
红细胞（红血球）	运输氧气及二氧化碳
白细胞（白血球）	抵抗及免疫
中性粒细胞	
巨噬细胞	
嗜酸性粒细胞	
嗜碱性粒细胞	
淋巴细胞	
血小板	凝血

红细胞（红血球）

为什么流出来的血是红色的？红细胞或红血球包含带有氧气的蛋白质——血红蛋白，血红蛋白是将血液染成红色的色素。红细胞是身体里数量最多的细胞（50 亿/毫升血液），也是最简单的细胞。成熟的红细胞呈扁圆形，中间有凹陷。红细胞可以被描述为非复制性的“袋子”，里面装着可与氧气结合的血红蛋白。红骨髓每秒钟制造大约 250 万个红细胞。激素是红细胞生成素，它导致骨髓里的干细胞发生转变，以此来产生红细胞。红细胞在血液里循环大约 3～4 个月之后，被肝脏及脾脏的巨噬细胞吞食。

成熟的红细胞缺少细胞核、核糖体及线粒体。

白细胞（白血球）

白细胞与红细胞相同，有一个细胞核，且没有血红蛋白。虽然有些白细胞，特别是淋巴细胞可以存活几个月或以上，但是绝大多数的白细胞只能生存几天。在发生感染时，白细胞可能只能存活几个小时。白细胞胞核的形状及其粒斑的染色性能可以将一个白细胞与另一个白细胞区分开来。白细胞分为 5 个级别。

中性粒细胞及巨噬细胞：在吞噬作用方面非常活跃，它可以咽下细菌及细胞碎屑。细菌释放的某种化学物及发炎组织攻击白细胞。中性粒细胞在吞食细菌以后可能会释放溶解酵素，溶解酵素可以毁灭一定量的细菌。中性粒细胞同样释放强氧化剂，如过氧化氢及有抗菌活性并且叫做防御素的蛋白质。**单核细胞**在中性粒细胞之后到达，并且扩大变成巨噬细胞，巨噬细胞可以在感染之后清洁细胞碎屑及细菌。

嗜酸性粒细胞：从毛细血管进入组织液，并且释放酵素来抗击变态（过敏）反应。当**嗜碱性粒细胞**离开毛细血管进入组织时，可以加强炎症反应。嗜碱性粒细胞发展成柱状细胞，柱状细胞释放在变态反应中起作用的蛋白质。

淋巴细胞：在免疫反应中起着主要的作用。淋巴细胞是 B 细胞、T 细胞及天然杀伤细胞。这些细胞在抗击由病毒、细菌及真菌引起的感染方面相当活跃。它们同样负责输血反应、过敏及器官移植的排斥。

> 白细胞的数量及种类可以说明一个人的健康状况。多数感染刺激可以增加循环白细胞的数量。如患有单核细胞增多症，则单核细胞的数量增加。钩虫病可造成嗜酸性粒细胞数量的增加。HIV 感染可能耗尽某些白细胞。

血小板

血小板是小的、像细胞一样的碎片，源自一种叫做巨核细胞的特殊白细胞。血小板没有细胞核，大约可以存活 5～9 天。巨噬细胞在肝脏及脾脏里去除老化或死的血小板。血小板可以释放在凝血方面发生作用的化学物。

血液凝结机制

通常情况下，血液只要是停留在血管里，就可一直保持液态。血块是一种凝胶，它包含血液的有形成分，缠绕在纤维阮丝里。

血液凝结是数个事件的复杂重合，在凝血过程中，一个凝血因素以固定的顺序依次激活下一个因素（见图 14.1）。

当血管受伤时，血小板立即被困在受伤处，诱发肌肉收缩，从而使血管变窄。血小板释放的化学物质可以让周边的血小板变得黏稠，并且使更多的血小板相互黏糊或黏糊在胶原质上，血小板栓子就此形成。凝血因子从血小板里分泌出来，破坏细胞及血浆里的因子，包括钙及维生素 K，并且开始转变为纤维蛋白凝块。这些因子是将凝血素、糖蛋白转化为凝血酶的催化剂，是一种酶，它是将纤维蛋白原转化为网丝状的凝块的纤维蛋白的催化剂。血液凝结可以防止由于出血过多造成的死亡。坏处在于，大多数心脏病发作是由于有斑块而变窄的冠状动脉里出现了血块。心肌死亡快速且不可逆。

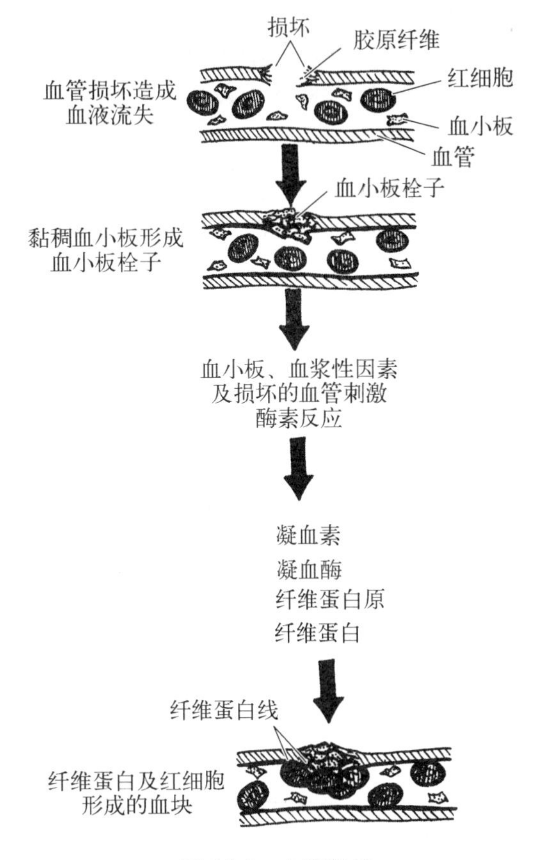

图 14.1 血液凝结

在脑部血管里类似的凝血可导致中风。

血管——结构与功能

身体里的血管长度可达数千米。这样就可以保障每个细胞都处在毛细血管弥散可及的范围内。循环系统由形式及功能互不相同的 5 种血管组成。

动脉

动脉的直径比较大，由复杂的壁层组成。动脉的外层由疏松结缔组织组成，中层是非常厚的弹性蛋白层及平滑肌，内层是扁的、相互交织的内皮细胞层(见图 14.2)。当血液流出心脏时,就进入到主动脉。这些动脉的壁层被向外推,增加了液体容量。当壁层伸展时,弹性纤维弹回,并向血液施加压力。这可用血压计来计量。当血液被推出动脉时,动脉的直径缩小,动脉血压降低,直到下一次收缩突然将血压变回最大值。

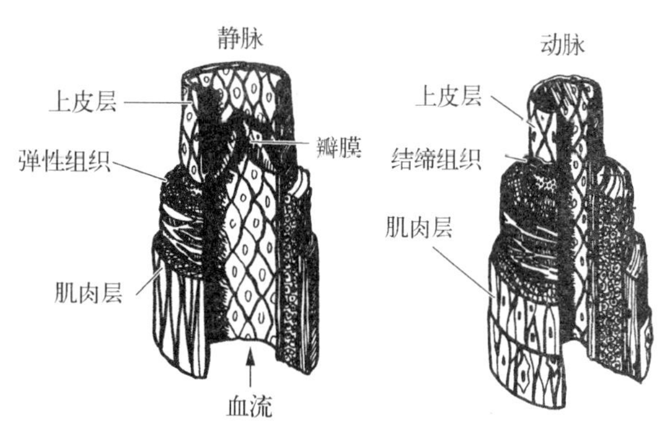

图 14.2　动脉及静脉的结构

收缩压是动脉里最高的压力,舒张压是在下一次收缩之前最低的压力。

小动脉

主动脉分支为更小的动脉,最终产生小动脉。小动脉是缺少弹性纤维但是包含大量光滑的细胞的小血管。流进特定组织的血液量很大程度上取决于局部小动脉的直径。如果一个器官需要氧气,那么小动脉的肌细胞就放松,小动脉的大小增加,因此就增加了流向该器官的血液量。在小动脉没有那么放松的情况中,血液量也会同时减少,小动脉肌肉收缩,这样就减少了血管的直径。

毛细血管

毛细血管是循环系统里最小、最短且最透气的血管。毛细血管的结构为血液与间隙液体之间交换物质创造了更大的表层面积。这些毛细血管是扁平细胞的单壁层,扁平细胞的边缘像拼图的方块一样适当地连接在一起。这些扁平细胞之间就是毛细血管的气孔。红细胞及多数蛋白质都太大了,不能穿过这些气孔。

成人体内约有 4 000 千米长的毛细血管。

毛细血管里会发生什么?通过简单的扩散,氧气、营养物、二氧化碳及水分间隙液体与血液之间流动。在毛细血管刚开始回应血液与周围液体之间的陡峭的压力梯度时,水分被挤出。当血液穿过时,压力快速下降,从气孔里压出的水分也相应减少。由于渗透作用,水分被吸收回毛细血管的另一端,因为在那里血液里溶解的物质比周围液体里的物质要多。通过胞吞作用及胞吐作用,一些物质移进或移出毛细血管。如果你受伤,肿胀(水肿)是因为过多的液体流出了受损的毛细血管。

小静脉

当数根毛细血管连接起来时,它们组成小的静脉,成为小静脉。最小的小静脉是有气孔的,通过这些小静脉吞噬性白细胞从血流移到发炎或感染的组织里去。随着小静脉变得更大,它们聚合在一起形成静脉。

静脉

所有的静脉将血液送往心脏。静脉里的血压最低。虽然组成静脉的三种壁层与动脉的基本相同,但是其相对厚度却与动脉相异。

外层最厚，由胶原质及弹性纤维组成。静脉的内腔比动脉的内腔稍大(见图 14.2)。由于大多数静脉向上流动，或是与重力相反，那么是什么原因让血液流动到心脏的呢？骨骼肌活动(如在行走时)及由于呼吸带来的压力将静脉进行挤压，并且将血液压到心脏。除此之外，静脉里长有羽翼似的瓣膜，该瓣膜从静脉壁层开始作用，使血液向一个方向流动。我们的腿承受了最多的重量。如果静脉的壁层扩张，瓣膜也停止运作，那么就会形成静脉曲张。

心脏——结构与功能

捏一个拳头。拳头的大小相当于人类心脏的大小。心脏是一个肌肉泵，是循环系统的重要器官(见图 14.3)。心包膜包围心脏并且将心脏限制在纵隔膜内，同时允许心脏进行充分的自由运动，进行有活力、快速的收缩。心跳速度平均每分钟 72 次。人一生的 70 年中，心脏大约跳动 25 亿次，并泵送 2 亿升血液。

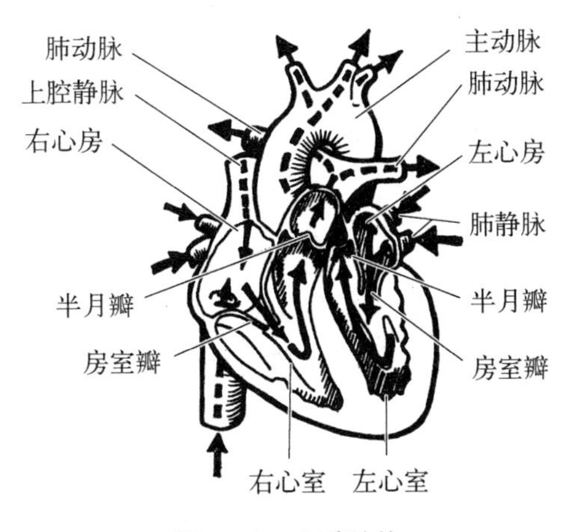

图 14.3 心脏结构

心脏将所有的血液重新循环，几乎达到每分钟 5 升。

心脏分为左右两边，四个腔，呈锥形。在心脏的两边分别有一个薄壁的心房及厚壁的心室，心房接收来自静脉的血液，心室比心房稍大，接收来自位于其上面心房的血液。血液流出心室，并在动脉里流动。心脏的左右两侧由室间隔分开。在瓣膜的帮助下，血液在一个方向上流过心脏。

- 心房与心室的左右瓣膜是组织的双翼，可以在一个方向上打开。在心房收缩后，心房血液的压力上涨，液体推向瓣膜，瓣膜打开，将血液送入心室。
- 半月瓣是心室与离开心脏的主要动脉之间的组织的双翼。半月瓣可以阻止血液在离开心室以后倒流回心脏。

窦房结是右心房里的心脏组织，它可以使心脏进行收缩。在这里，每隔 0.6 秒将发生一次自然释电。电波通过连接周围细胞的通讯连接(闰节)，从一个心肌细胞传至下一个，传遍整个心房，从而导致心房同步收缩。心房与心室之间只有一个点可进行导电连接，即房室结。导电在 0.1 秒之后开始。这一电波传遍心室，使心室统一收缩，迫使血液流入主动脉。下丘脑及脑干髓质可以调节心率。心电活动可以在心电图(EKG)上显示。心脏每跳动一下，就将血液泵送到两条封闭的循环线路，分别为肺循环及体循环。

肺循环

心脏的右侧是肺循环的泵。它接收体循环内流出来的所有缺氧血。缺氧血通过上下腔静脉流入右心房。血液从右心房流出，进入到右心室，通过肺动脉干流出心脏，肺动脉干分支为肺动脉。一旦血液流入左右肺的毛细血管，血液就开始释放二氧化碳，这就是呼气，并吸入氧气。然后，新的含氧血流入肺静脉，并回到左心房(见图 14.4)。

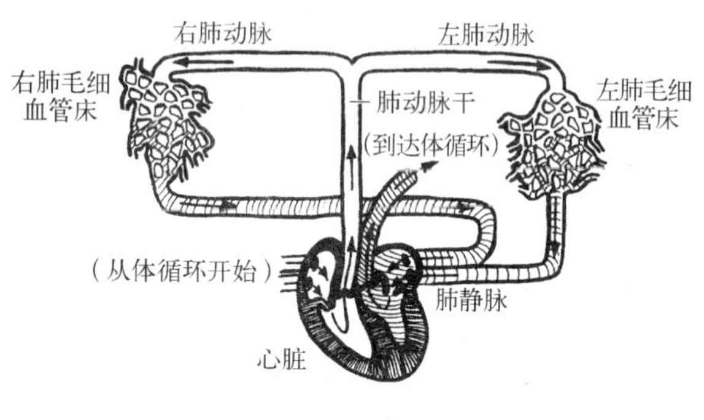

图 14.4 肺循环

体循环

心脏的左侧是体循环的泵。新的含氧血流入左心房，然后流入左心室。左心室将血液逐出到主动脉。从这一主动脉开始，血液开始分流，逐渐进入更小的动脉，这些动脉将血液运输到身体各部位。在体组织里，动脉分成更小直径的小动脉，连接到众多的毛细血管床。在毛细血管床里，通过毛细血管壁层的气孔，营养物和气体得以交换。在大多数情况下，血液只顺着一条毛细血管流动，然后进入一条体小静脉。这些小静脉将缺氧血带离组织，并且融合起来形成更大的静脉。血液通过腔静脉(一条大的静脉)到达右心房(见图 14.5)。

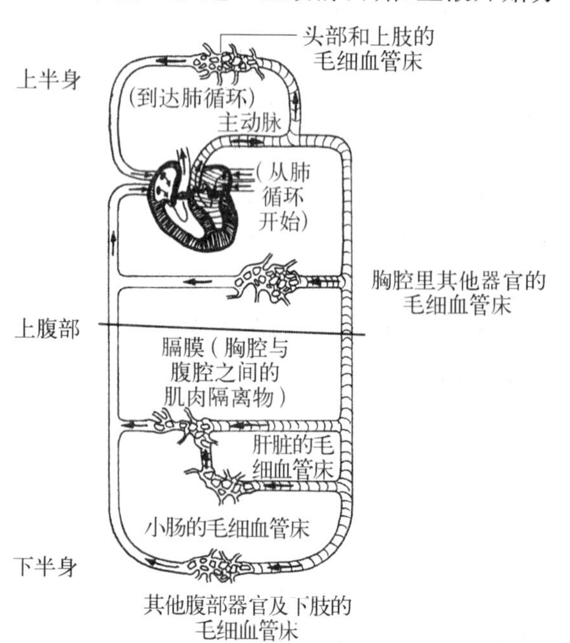

图 14.5 体循环

冠状动脉循环

左右冠状动脉从升主动脉开始分支，为心肌提供含氧血。这样，营养物就不可能通过构成心脏组织的所有壁层从心脏的 4 个腔内渗漏出去。当心脏收缩时，心脏接收不到很多含氧血。当心脏肌肉放松时，主动脉里血液的高压迫使血液穿过冠状动脉进入毛细血管，然后进入冠状静脉。

循环系统紊乱

高血压

高血压是一种影响心脏及血管最常见的疾病。当血压很高的时候，心脏泵血时需要更多的能量。由于心脏需要更多的能量，心脏肌肉变厚，心脏增大，因而就需要更多的氧气。如不治疗，高血压可导致动脉及小动脉直径减少，从而引起动脉硬化、中风、心脏病及肾功能衰竭。高血压并不是由于单独的某个原因引起，但一定条件下可让个体面临高血压的危机。行为性危险因素包括肥胖、吸烟、高脂肪饮食及过度饮酒。遗传及生理性危险因素，如肾脏疾病，也是一个关键因素。

贫血有好多种。所有这些贫血的特点是红细胞不足或低血红蛋白。这会造成倦怠、畏寒及脸色苍白。倦怠和畏寒是由于缺氧，因为氧气为能量及产热所必需要的。脸色苍白是由于血红蛋白过低。有时通过饮食摄入额外的铁及蛋白质即可防治贫血。

动脉硬化

动脉硬化是一个过程，其间脂肪物质，特别是胆固醇及三酰甘油沉积在大中型动脉的壁层上。动脉的平滑肌细胞积累更多的胆固醇，在血管里可以形成血小板。这样就会堵塞动脉并且阻止血液流动。如果这些血块被移动，它们可以转移到身体的其他部位，并且堵塞血液流动。

心脏病

大多数心脏病都是由于冠状循环问题造成的。心肌梗死是指因供血中断而造成的心脏组织某一区域的死亡。这也许是由动脉壁上的斑块造成的。心脏病的严重程度取决于心脏组织的破坏程度。一次心脏病发作以后，心脏将会失去部分力量。

最常见的大脑紊乱是中风（脑血管意外）。中风的常见病因包括血栓、动脉硬化或脑部动脉破裂。一种名为组织纤溶酶原激活物的药物可以溶解血块，这一药物被用于打开脑部及心脏里堵塞的血管。

白血病

白血病是一种恶性疾病，特点是不受控制地生产不成熟的白细胞，不成熟的白细胞缺乏变成熟的基因能力。由于不成熟的白细胞过多，导致正常的骨髓细胞被挤出，阻碍了红细胞及血小板的正常生产，这样就容易造成贫血和出血。然而，导致死亡最常见的原因是由于缺乏正常的成熟白细胞而引发不受控制的感染。

小结

- 循环系统为身体的组织传送氧气和营养物，并带走二氧化碳及其他废物。
- 血液包含细胞及细胞碎片。红细胞给细胞提供氧气。一方面，血液细胞在吞噬侵入者及组织碎片、发起免疫反应方面的作用。另一方面，血小板在血液凝结方面发挥作用。血浆是血液的液体部分。
- 血管的设计很适合其功能。大的弹性动脉允许其在心脏每一次收缩，并将血液运送到下一目的地之后迅速恢复原状。肌肉动脉的直径可扩大或缩小，从而为组织的需求提供服务。
- 心脏是一个双联泵。心脏的右侧将血液泵送到肺部进行氧合。心脏的左侧接收来自肺部的血液，并通过主动脉将血液送到身体的其他部位。心脏里的瓣膜使血液能在一个方向上流动。
- 虽然心脏不需要外部刺激就能有节奏地收缩，但是神经冲动可以通过刺激窦房结来调节心脏收缩的频率，这样可以启动心房的收缩，并将刺激传递给心脏其他的部位。

第十五章 15 免疫系统

关键词
病原体； 特异性的； 干扰素；
吞噬细胞； 非特异性的； 淋巴细胞

你也许没有想到，去一趟杂货店或在一家当地餐馆用餐都可能会有健康威胁。但是，这些活动的确会带来潜在的危险。当你每天做事时，你都会和数以千计的病原体打交道。病原体是产生疾病的有机体，包括细菌、真菌、病毒及寄生虫。幸运的是，你的身体里有各种各样的防御来抵抗这些侵入者。

淋巴系统

当你知道你的身体有第二个循环系统时，你可能会感到惊讶。第二个循环系统就是淋巴管把一种名为淋巴的液体运输到你身体各部位的系统。淋巴系统（见图 15.1）通过淋巴结来过滤淋巴液。淋巴结很小，呈青豆状，包含两种在骨髓形成的细胞——吞噬细胞和淋巴细胞。淋巴结能攻击病原体。这一问题将稍后在本章中讨论。

胸腺刚好位于心脏的上方，在这里可以形成名为 T 细胞的特异性淋巴细胞（见图 15.1）。一旦青春期免疫系统成熟后，胸腺体积将减小。

脾脏约拳头大小，位于上腹部，由储存淋巴细胞的白髓和过滤并储存血液的红髓组成。

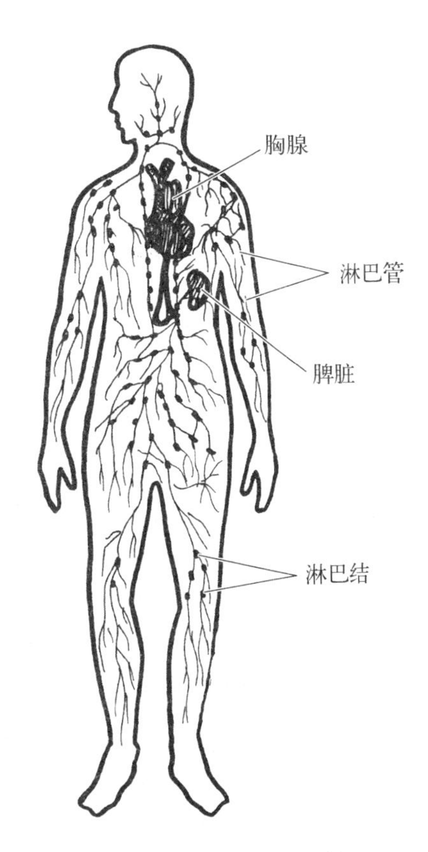

图 15.1 人体淋巴系统

防御感染

身体有三个基本的防御系统：

- 非特异性防御。
- 非特异性免疫防御。

- 特异性免疫防御。

非特异性防御

身体使用一些简单的防御来抵御一些引起疾病的侵入者。因为这些防御不针对某个具体的病原体，所以叫做**非特异性防御**，包括屏障，如皮肤与黏膜；分泌物，如眼泪、唾液和黏液；以及身体活动（译者注：或称“呼吸活动”），如咳嗽、打喷嚏和呕吐。

非特异性免疫防御

如果以上提及的防御不能阻止侵入的病原体，那么免疫系统将通过几种方式采取行动。不针对某个具体的病原体的防御，或称**非特异性免疫防御**，包括**吞噬细胞**，吞食或消耗侵入者的细胞，以及**干扰素**。干扰素是被感染的细胞分泌出来的蛋白质，可以限制病毒的有害作用。

炎症反应是一个容易辨别的防御。有炎症反应时，受伤或感染的部位将出现红肿和发热等情况。这些症状意味着周围的血管已经扩大，流到感染部位的血流也有所增加，从而增加吞噬细胞的活动，并且加速康复。

特异性免疫防御

特异性免疫防御是针对一个具体的侵入者的特殊反应。循环系统、淋巴系统和其他系统以一种复杂的方式协同作战，共同攻击具体的病原体，其中**淋巴细胞**起了关键作用。淋巴细胞是淋巴系统里高浓度的特异性白细胞，不发生作用时，它们被存储在肝脏的白髓里。

如果一个淋巴细胞发现了侵入者，它就开始一系列的细胞变化，包括细胞复制以及与免疫系统的其他组成部分进行化学沟通。

特异性免疫反应包括：

- 黏膜或局部免疫——消化道黏膜和呼吸道黏膜下的组织制造出称为抗体的防御蛋白质，瞄准并杀死邻近的病原体。
- 细胞介导免疫——吞噬细胞吞食及部分消化病原体，然后称为T细胞的特异性淋巴细胞识别并摧毁这种吞噬细胞及其含有的病原体。
- 抗体介导免疫——淋巴细胞制造出抗体，抗体通过循环及免疫系统在体内移动，瞄准并中和特定病原体。

除了这些反应，身体还有一种兼具特异性和适应性免疫的反应，称为**回忆反应**。该反应能帮助身体回忆起曾经遇到过的侵入者。如果身体多次遇到同一个病原体，回忆反应就会启动特殊记忆细胞，使反应加速。只有当自然感染或接种疫苗主动获得免疫力后，回忆反应才会发生。

工作中的免疫细胞

如下面的图标所示，免疫系统的细胞以一种复杂的方式一起工作，以此来发起特异性免疫防御。

淋巴细胞对于免疫系统至关重要，分为两类：

- T细胞，在胸腺里成熟，并且被运输到身体的各部位，通过识别并中和病原体来促进细胞介导免疫。
- B细胞，制造名为抗体的防御性蛋白质，抗体在体内循环，识别和消灭病原体，以此促进抗体介导免疫。

免疫系统的细胞

细胞类型	功 能
辅助型T细胞	启动免疫反应，发觉感染，发出信号，启动T细胞及B细胞反应
诱导型T细胞	不参与对感染的立即反应；调节胸腺里其他T细胞的成熟
细胞毒性T细胞	发觉并消灭被感染的身体细胞；补充于辅助型T细胞
抑制型T细胞	减缓T细胞及B细胞的活动；在感染得到控制后缩小防御规模
B细胞	浆细胞的前体细胞；专门用于识别外来抗原
浆细胞	专门生产抗体来抵抗外来抗原的生化工厂
肥大细胞	炎症反应的模拟器，可帮助白细胞到达感染区域；分泌组胺，在变态(过敏)反应中非常重要
单核细胞	巨噬细胞的前体细胞
巨噬细胞	身体的第一道细胞防御线；B细胞及T细胞的抗原呈递细胞，吞食由抗体覆盖的细胞
自然杀手型细胞	识别并消灭已感染的身体细胞

在健康的个体中，T细胞和B细胞能区分自身细胞和异己细胞。所有的细胞都包含抗原，抗原是允许淋巴细胞区分自身细胞和异己细胞的分子。自身细胞包含自体抗原，而异己细胞包含异己抗原。

正如之前所提及的一样，身体的第一道防御线之一与吞噬细胞有关，吞噬细胞只是吞食侵入者。巨噬细胞是一种吞噬细胞，在细胞介导免疫中非常关键。**巨噬细胞**吞食并部分消化病原体，但会保留非自体抗原，以警示T细胞来消灭病原体。

免疫系统包括**细胞毒性T细胞**，也称为杀手型T细胞，这些细胞最先察觉到身体其他细胞受到了感染。在常规条件下，身体的细胞定期降解内部细胞蛋白质。降解可由以下情况引起：蛋白质腐烂、蛋白质出现错误折叠，或是正处在细胞代谢的正常过程中。有些蛋白质分解为缩氨酸，呈现在正常的身体细胞表面。如果病毒或其他病原体正在感染一个细胞，那么病原体也会生产蛋白质(叫做抗原)，并且最终将这些异己抗原呈现在细胞的表面。

细胞毒素T细胞能识别特定的抗原。T细胞对于这些分子的应答是复杂的，且需要通过协同刺激的细胞因子对T细胞发出第二次信号。协同刺激的细胞因子有几种不同的种类。现代科学的挑战之一是具体了解这些因子怎样进行相互作用，并找到可能控制或停止免疫系统袭击自体组织或器官的新疗法。

消灭感染的同时，也会破坏寄主细胞，有时还会进一步引起疾病。

免疫系统紊乱

过敏

免疫系统通常能把环境中的病原体跟其他无害的颗粒或化学物质区分开来。但有时身体也会对无害物质发生反应，把它当成抗原，从而产生抗体。抗体刺激巨噬细胞释放出组胺。这会使血管扩张，眼睛流泪，鼻道分泌黏液。

抗组胺通常可抑制变态(过敏)反应的影响。在激烈的攻击之下，血管扩张，导致血压骤降至危险值，呼吸困难。这一现象叫做过敏性休克，可危及生命。常见疗法是注射肾上腺素。

变态反应也称为超敏反应。免疫系统用来防御身体所依靠的机制与超敏性反应破坏这一防御的机制大致相同。过敏性反应通常指与免疫球蛋白E(lgE)的抗体有关的反应。这些抗体会与特殊的细胞结合，如循环系统里的嗜碱性粒细胞及组织里的肥大细胞。一旦免疫球蛋白 E(lgE)抗体与这些细胞结合，且遇到过敏原，就会立即释放可伤害周围组织的化学物质。

最好的方法是避开过敏原。如不可行，可采用过敏原免疫疗法(注射)。注射一定量的过敏原，直至达到维持水平。这样可以刺激身体产生阻断或中和抗体，以阻止免疫反应。

自体免疫性疾病

免疫系统是由细胞及细胞成分组成的复杂网络，通常可防御身体及消除由细菌、病毒及其他入侵微生物造成的感染。功能低下的免疫系统可能会导致慢性传染，甚或免疫系统紊乱。紊乱的免疫系统会攻击个人身体的细胞、组织及器官。

红斑狼疮就是自体免疫疾病的一个例子，它影响多个器官及组织。发生多发性硬化时，大脑受袭；发生节段性回肠炎(克罗恩病)时，肠道受袭。最终，这些破坏变成永久性的。比如，1 型糖尿病中，胰腺中生产胰岛素的细胞遭到的破坏就是不可逆的。

> 尽管自体免疫疾病较为少见，但是某些人群受到的影响相对更严重。女性患自体免疫疾病的概率比男性更大。狼疮在非裔美国及西班牙裔的美国妇女中比欧洲血统的白种女性更常见。患风湿性关节炎和硬皮病的美国印第安人比其他普通美国人多。

遗传因素可能使人更易患自体免疫病。同一个家庭的成员可能遗传并分享异常基因，但每个人所患自身免疫疾病可能各不相同。基因决定每个人的细胞所携带的主要组织相容性(MHC)分子的种类。基因同样也影响 T 细胞上的 T 细胞受体的排列。然而，基因却不是唯一的影响因素，因为有些人身上虽然有与疾病相关的MHC 分子，但却不会患上自体免疫疾病。

诊断慢性自身免疫性疾病可能非常困难，而且病程也无法预测。有时候，患者可能长期都没有症状。

人类免疫缺陷病毒(HIV)/ 获得性免疫缺陷综合征(AIDS)

获得性免疫缺乏综合征(AIDS)是一种状态，在这种状态下，人体无法防卫病原体。获得性免疫缺乏综合征是由人类免疫缺陷病毒(HIV)所致，该病毒使身体无法抵抗感染。

HIV 在辅助性 T 细胞或 T4 细胞内复制，最终摧毁它们。由于辅助性 T 细胞和 T4 细胞能刺激 B 细胞及杀手型 T 细胞的生产及活动，摧毁了它们就意味着 HIV 干扰了体液免疫及细胞介导免疫。最后，身体无法防卫自己。

> 目前尚不能确定 HIV/AIDS 是何时何地以何种方式出现的。在 1970 年之前，有一些关于艾滋病的证据。到了 1980 年，HIV 已经传播到了至少 5 个大洲。如今，HIV 是世界上增长速度最快的流行病。

HIV 通过人与人之间的接触进行传播，特别是通过体液交换，如血液、精液或乳汁。通过性交、静脉注射吸毒者共享针具或输入被感染的血液，可能会发生感染。艾滋病还可通过胎盘或进行母婴传播，或经由母乳传播给新生婴儿。

有 CD4 细胞受体的健康细胞通常被称为 CD4 阳性($CD4^+$)细胞或者辅助 T 淋巴细胞。这些细胞激活并协调免疫系统的其他细胞，如 B 细胞、巨噬细胞及细胞毒性 T 细胞，所有这些细胞可以帮助摧毁癌细胞及侵入的有机体。HIV 病毒将自己附着在有受体蛋白质的淋巴细胞的外膜上。通过病毒核糖核酸(RNA),HIV病毒融入到被感染细胞的脱氧核糖核酸(DNA)中,开始繁殖,最终摧毁细胞并且释放新的病毒颗粒。这些颗粒又继续感染其他的淋巴细胞,如此循环。

HIV病毒感染者逐渐失去辅助性T细胞。它们的$CD4^+$细胞计数慢慢减少,低于正常值,这一过程可能历经数年。

在感染HIV病毒后的几周,有些人可能会出现类似流感或单核白细胞增多症这样的症状。虽然HIV病毒在血液及其他体液里循环,但可能几年之内都不出现新的症状。AIDS的症状包括淋巴结肿大、体重下降、反复发热、疲劳、腹泻及鹅口疮(一种口腔真菌感染)。

联合用药时,治疗会特别有效。核苷类反转录酶抑制剂(如齐多夫定,AZT)、非核苷类逆转录酶抑制剂及蛋白酶抑制剂都可以帮助减缓病毒。HIV通常会对这些药物产生抗药性,但是对于新的药物疗法和治疗方案的研究也正在继续。这些方法对于延长HIV/AIDS患者的寿命及提高他们的生活质量已经发挥了重要作用。

HIV的进程

1. HIV病毒附着并穿过靶细胞。
2. HIV的核糖核酸(RNA)被释放到了细胞里,RNA是HIV的基因密码。RNA必须通过叫做反转录酶的酶转变成DNA。
3. 病毒的DNA进入细胞核。
4. 病毒的DNA与细胞的DNA相融合。
5. 现在DNA开始以长链的形式复制并繁衍RNA及蛋白质,在病毒离开细胞之后,这一长链就被切断。
6. RNA和蛋白质组成新的病毒。
7. 病毒通过细胞膜发芽,把自己包裹在包膜的碎片里。
8. 病毒酶(HIV蛋白酶)切断出芽病毒粒子里的结构蛋白,重新组合成HIV的成熟形态。

小结

- 免疫系统为身体防御病原体。防御系统分为三类:特异性防御、非特异性免疫防御及特异性免疫防御。
- 特异性免疫防御包括黏膜免疫或局部免疫、细胞介导免疫及抗体相关的免疫。
- 大多数免疫系统细胞是白细胞。免疫系统细胞有很多种,包括B细胞及T细胞。淋巴细胞(B细胞及T细胞)反应是复杂的,并且需要身体内部的信号。
- 当身体通过制造抗体来对一个抗原起反应时(即使该物质是良性的),会发生过敏。抗组胺对抗这种情况。有时候,过敏原免疫疗法可以帮助身体将反应保持在可控范围内。
- 当免疫系统袭击自己的身体细胞、组织或器官时,就发生自体免疫疾病。自体免疫疾病是慢性的,但是通常有法可治,并可长期成功管理。
- HIV/AIDS抑制身体抗击病原体。HIV通过人与人之间的接触进行传播,特别是通过交换某些体液,如血液、精液或乳汁。
- HIV病毒进入细胞如淋巴细胞,并与被感染的细胞的DNA相融合,最终减少$CD4^+$或辅助性T淋巴细胞的数量。HIV患者通常对药物产生耐药性,所以总是需要新的联合用药方案来与该疾病作斗争。

第十六章 16 呼吸系统

关键词

灌注； 筛骨的； 黏液的；
支气管炎； 过敏原

屏住呼吸一小会儿，你就能敏锐地意识到呼吸系统的存在。呼吸系统发挥其功能时，经常与外界环境进行互动。呼吸系统吸入含氧空气，细胞及器官需要氧气，然后排出新陈代谢的最终产物——二氧化碳。在一天内，肺可以帮助进行 8 000 至 9 000 升的空气交换及通过心脏的肺循环来泵送 10 000 升血液。

结构和功能

简单说，肺可以使我们周围的空气与包围我们身体内细胞的内部环境进行气体交换。当肋骨(肋间神经)之间的隔膜及肌肉收缩并使胸腔扩大时，肺也随之扩大。同样，当隔膜及肋间神经放松及胸廓容积减少时，肺被动地缩小(见图 16.1)。为了能在肺容量里实现这些交换，肺部附有称为肋膜的滑膜，肋膜可以润滑并保护肺的表面。

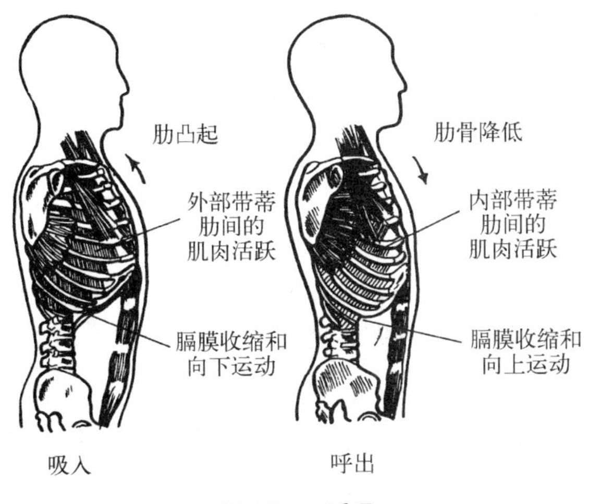

图 16.1 呼吸

气道

当肺开始扩张时，空气通过鼻子及嘴巴进入，并进入呼吸气道。这些气道是上呼吸道的一部分，上呼吸道包括鼻子、鼻腔、筛骨窦、额窦、上颌骨窦、喉(喉头)及气管。会厌是一层薄薄的片状组织，覆盖并保护喉头，防止食物颗粒进入呼吸气道。气管分支为两个小的气道(支气管)，支气管可以给两个肺换气(见图 16.2)。支气管本身像大

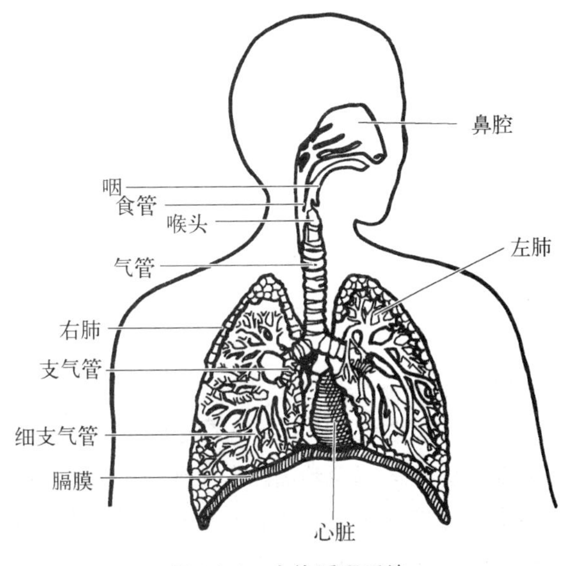

图 16.2 人体呼吸系统

树的枝干一样，又再分支为很多小的气管。最小的气道是细支气管，直径仅为500微米。

肺泡

在每个细支气管的末端有几十个泡沫状、填满空气的腔，称为肺泡。它们就像是小葡萄串。肺泡真的很像小的气囊，被毛细血管所包围(见图16.3)。这一结构使氧气能从肺泡移到血液里，使二氧化碳能从血液移出到肺泡里。每个肺泡的毛细血管里灌注的血流量都与通过细支气管流入肺泡里的空气量是相匹配的。通气与血流的匹配确保了能量不会被浪费，因为血液会被输送到气道受阻的肺泡，而空气会被输送到供气量受损的肺泡。

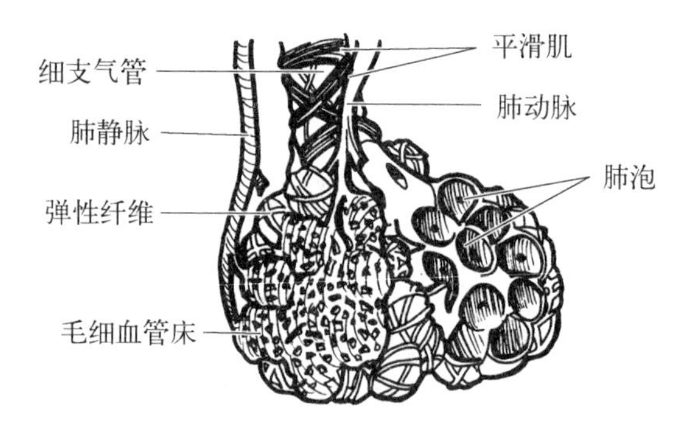

图 16.3 肺泡结构

虽然肺是内部器官，但每次呼吸都会把异物带入身体。这些物质可能包括花粉、烟雾颗粒、病毒、细菌及在当地环境中空气携带的任何物质。

被吸入或呼出的空气的最大容量称为肺活量，最高可达5升。即使完全呼气，也不可能把肺气道里的空气全部清除(如果全部清除了，肺会坍塌)。剩余的空气容量称为肺死角，约为1升。每一次呼入或呼出的空气的数量称为潮汐容量，大多数人的平均潮汐容量超过1升。人在通常情况下平均每分钟呼吸12～15次，但运动时可增至每分钟20次以上。

调节呼吸

通常，我们不用想着呼吸，呼吸就可以自然进行，因此被认为是“自主反射”。为了确保换气的频率与身体的需氧量相符合，需密切调节呼吸。主动脉及颈动脉里专门的神经末梢能感应流动在其内的血液的化学成分，对含氧量和二氧化碳量尤其敏感。这些感受器通过神经向大脑底部称为髓质的区域发出信号。髓质也能接收大脑内部感受器的信号，这些信号可以显示大脑组织里二氧化碳的含量。身体只要增加了新陈代谢(如运动时)，二氧化碳含量就会上升，或氧气量下降，髓质就向肋骨及隔膜里的呼吸肌发出信号，指示它们更加频繁和强有力地收缩，增加肺部的呼吸和换气。同时，心脏也收到指示，更快地泵送血液通过肺部。这些同时发生的事件增加了进入血液到达组织的氧气量，同时也加快了从血液里排出二氧化碳的速度。

血红蛋白

氧气从肺泡进入血流后，会迅速与一种名为血红蛋白的高度分化的分子结合。血红蛋白的主要任务是增加血液运输氧气的能力。血红蛋白与氧气紧密结合，能使等量的血液和空气里的含氧量几乎完全一样！当血红蛋白到达组织时，由于组织里氧气的含量低而二氧化碳的含量高，血红蛋白会收到信号，与氧气分离。一旦氧气分离出去，血红蛋白立即与二氧化碳结合并将其送回肺部(见图16.4)。

强大的血红蛋白分子含铁，这也是我们在膳食中需要铁的一大原因。血红蛋白中的铁使血液呈红色。

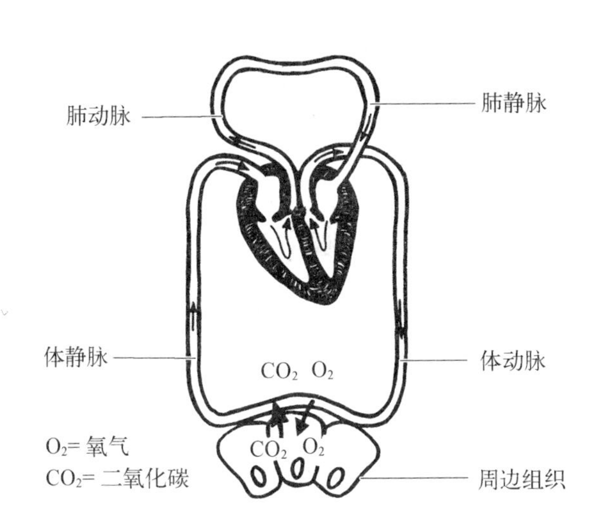

图 16.4 肺部里的气体交换

血红蛋白被带到红细胞中,红细胞也称为红血球。你或许可以想象,血液富含血红蛋白——每 100 毫升血液可含多达 34 克的血红蛋白。血红蛋白化学性质也是一氧化碳有毒的原因:一氧化碳结合血红蛋白的能力比氧气大得多,因此使血红蛋白无法再结合并运输氧气。

总体情况

总体来说,呼吸作用有 3 个组成部分:外部作用、内部作用及细胞作用。外部呼吸作用与肺部发生的气体交换有关。内部呼吸作用是发生在血液及肺部之外的组织里的身体细胞的气体交换。细胞呼吸作用包括内部细胞将氧气与许多不同燃料结合在一起来获得维持生命的必要能量的过程。

显然,呼吸系统对于这 3 种呼吸作用都是至关重要的。组成呼吸系统的组织有着极明确的分工,从而使呼吸系统能正常工作。组成肺部的气道、肺泡及血管可以使氧气和二氧化碳进入体内或排出体外。许多其他组织或细胞发挥了保护性的作用。一些细胞防卫侵入性病原体;一些细胞把外部物质从气道里清除出去;有些细胞将黏液通过衬布于气道的膜移走;另一些细胞包含可以在血液携带的物质上起作用的酶,这些物质对于控制血压至关重要。有了这些分工,肺部的许多工作得以高效进行,从而保证在气体交换发生的同时,消耗的能量最少,感染的风险最低。

呼吸系统紊乱

哮喘

哮喘是影响 1 000 万美国人的一种慢性疾病,其病死率也在近年急剧上升。哮喘是由呼吸气道的突然变窄造成的。发生严重哮喘时,气道可发炎、肿大,并分泌出大量黏液。花粉、尘螨、动物皮屑、烟雾、冷空气及运动都可能引起哮喘,但诸如焦虑或神经应激反应之类的情感因素似乎不引发哮喘。哮喘的原因因人而异。

哮喘的长期症状同样也存在极大的个体差异。有些人是慢性咳嗽,有些人是典型的“气喘吁吁”,而另一些人有复发性支气管炎。哮喘的发病频率及严重性也不尽相同。哮喘好发于 5 岁以下的儿童,但也同样发生在中老年人身上。患者普遍是城镇居民。有哮喘及过敏病史的家庭是哮喘的高危人群。

评估气道功能的专业实验室检查常常能够诊断哮喘。哮喘的治疗常涉及减少与常见过敏原的接触。也可用药物治疗,包括气道松弛剂及类固醇,气道松弛剂能在发生哮喘时立即减除痛苦,类固醇则可长时间地“平息”气道的敏感度。

- 肺活量计可以计量肺部的容量,可以帮助决定肺部接收、保持并移动空气的效率。肺活量计能监控肺部疾病、治疗效果及确定肺部疾病是限制性的还是阻塞性的。

- 最大呼气流量计可衡量一个人清空肺部的最大速度，清空速度对于评估疾病是否得到了有效控制很重要。
- 胸透可明确显示积液的位置或异常生长的部位。
- 查血可分析血液里二氧化碳及氧气的含量，以此来判定呼吸系统工作的效率。

肺气肿及慢性阻塞性肺疾病

当气道壁层失去其结构支撑时，就发生肺气肿。发生肺气肿的肺部细支气管像是湿吸管，当我们试图用它喝水时，就会塌陷。开始呼气时，肺部的压力升高，使被影响的气道塌陷，这样就把空气困在肺部，呼吸因而变得困难。

肺气肿不是突然形成，而是逐渐发生的。吸烟、空气污染、工作环境中的刺激性烟雾和粉尘都可引起肺气肿。

通过肺功能检查可以诊断肺气肿，如肺活量计及最大呼气流量计；也可以通过查血、胸透、痰培养和心电图来诊断，心电图可记录心脏的电活动，显示肺气肿患者典型的不正常节奏。肺气肿的病情可轻可重，有时可用支气管扩张剂治疗，但大多数时候肺气肿都是不可逆转的、终身性的。

慢性阻塞性肺疾病(COPD)是由肺气肿或慢性支气管炎引起的气道阻塞。患病时可能会造成有些肺泡损坏、塌陷、延伸或过度膨胀。这种肺泡损害会大大削弱呼吸系统的功能，而且通常是永久性的和不可逆的。早期症状包括气紧及顽固性咳嗽，而且可能与疲劳、焦虑、睡眠问题、心脏问题、体重下降及抑郁相关。可对症治疗以提高生活质量。常见疗法为吸氧。运动也可提高患者的生活质量。

世界贸易中心肺综合征

世界贸易中心肺综合征是一种新的疾病，可追溯到2001年9月11日世贸中心遭到袭击的那一天。随着纽约城里这座世贸中心倒塌，世贸中心周围数英里内都被灰尘的细微颗粒所覆盖，这些颗粒均来自世贸中心及袭击它的飞机。这样直接暴露在浓烈的灰尘及烟雾中，引起眼、鼻、喉和肺激惹，导致咳嗽和打喷嚏，这些都是身体从呼吸气道里排除异物的正常方式。

在世贸中心来回工作的工作人员及志愿者经历了持续症状，包括咽痛、声嘶、胸闷、气紧、持续咳嗽及持续性气紧。其他症状包括鼻塞或鼻窦阻塞、流涕、面部疼痛、头痛、鼻溢液、持续性喉咙或咳嗽及鼻后滴漏。胃肠道症状包括不能耐某些食物、慢性消化不良及胸部灼热。这些呼吸及胃肠道症状常伴随一系列心理症状。

必须回来工作的恢复期工作人员被建议穿防护衣，戴眼罩及手套，身上的衣服和鞋子特别采用了防尘设计。即使有这些预防措施，仍然有许多人患咳嗽、支气管炎及哮喘。这些症状的原因仍不清楚，尚在调查之中。

有新闻报道称，世界贸易中心倒塌后立即前去工作的消防人员中，有近一半的人咳嗽严重，需要就医。有些消防员患了一种名叫过敏性肺泡炎的罕见肺部炎症。

肺癌

肺癌常始于支气管的内衬，也可在呼吸系

统的其他部位开始，包括气管、细支气管及肺泡。肺癌同样可以从身体的其他部位开始转移。肺癌通常是通过血液传输，从身体的其他部位转移到肺部。

大多数肺癌是恶性上皮肿瘤，一种从器官的内衬或覆盖组织开始的癌症。肿瘤细胞长大并扩散，不同类型肿瘤细胞的治疗手段也不同。大多数肺癌称为支气管癌，包括鳞状细胞癌、小细胞(燕麦细胞)癌、大细胞癌及恶性腺瘤。肺泡细胞癌源于肺泡。不太常见肺肿瘤包括支气管腺瘤(恶性或良性)、软骨瘤、错构瘤(良性)及肉瘤(恶性)。淋巴瘤是淋巴系统的一种癌症，可从肺部开始或扩散到肺部。

肺癌的症状多样，但通常包括咳嗽、胸痛、气紧、气喘、反复肺部感染、痰中带血或铁锈色痰及声音嘶哑。有些肿瘤可压迫邻近肺部的大血管，造成颈部或面部肿大。某些肿瘤可压迫肺部附近的某些神经，造成肩膀、手臂及手部疼痛及无力。肺癌可导致疲劳、食欲减退、体重下降、头痛、身体其他部位疼痛及骨折。

> 肺癌的症状视其类型和部位而定。肺癌，特别是小细胞肺癌，可随血流扩散到其他器官，使早期的诊断变得困难。

胸透能发现大部分肺部肿瘤，但仍需辅以组织标本镜检才能确诊。计算机X射线轴向分层造影扫描图(CAT扫描)、痰液细胞学检查、针吸检、支气管镜检、纵隔腔内视镜检查及其他器官的X线检查对于诊断都很重要。治疗取决于癌的部位及种类。大多数良性肿瘤可手术切除，以预防进一步堵塞及其他问题。对于除了小细胞癌之外的尚未扩散到肺部以外的其他肺部肿瘤来说，也可考虑手术。小细胞癌通常使用化疗，同时辅以放疗，可大大延长某些患者的寿命。

小结

- 呼吸系统涉及复杂的气体交换。空气经由口鼻吸入，并被运送至肺泡。在肺泡里，氧气融合到血液里，二氧化碳从血液里排出。然后二氧化碳被带回气道，并被呼出。这一气体交换的过程给身体内的所有细胞提供了生命所需的氧气，并排出了二氧化碳。二氧化碳是新陈代谢的最终产物。
- 呼吸是受大脑底部的呼吸系统中心所控制。隔膜收缩，扩大了胸腔的面积，然后松弛，将肺部里的空气被动移出。
- 哮喘是一种慢性疾病，累及气道。气道关闭，使空气进入并离开肺部都变得困难。虽然哮喘无法治愈，但是有很多药物可以用来缓解哮喘的症状。
- 肺气肿与气道结构永久性的崩溃相关。肺泡可能会被损坏、变小、塌陷并且过度膨胀。这些变化严重影响了呼吸系统的功能。
- 世界贸易中心肺综合征是肺部疾病家族中的新成员。在2001年世界贸易中心遇袭后，许多在世贸中心附近的人咳嗽、咽痛、打喷嚏及眼部激惹。
- 肺癌通常始于支气管的内衬，但也可从呼吸系统的其他任何部位开始，或从身体的其他部位扩散至肺部。肺癌的症状多样，但通常包括咳嗽、胸痛、气紧、气喘、反复肺部感染、痰中带血或铁锈色的痰，以及声音嘶哑。

第十七章 17 泌尿系统

关键词

间质性； 抗凝血剂； 膀胱突出；
近端的； 末梢的

动物的所有细胞都处于体内液体中，并通过体液交换营养物质及其他生命必需的分子。这种“间质液”的组成成分恒定，而细胞恰恰依靠这种恒定性存活。泌尿系统就是维持这一机制的系统。

泌尿系统的作用

间质液的组成成分恒定不变，通过血管系统的毛细血管与血液交换。血液就是用这种方法向间质液输送养分，并从间质液回收排泄物。血液中的营养物质主要来自消化系统。但是排泄物和代谢产物去哪儿呢？正是泌尿系统从血液中移除了这些无用的复合物。泌尿系统对维持血液与间质液的恒定性非常重要，这一过程由多个系统共同合作完成，以保持体内环境稳定，称作体内平衡。

肾单位

泌尿系统的主要器官是肾脏（见图 17.1）。所有脊椎动物都拥有两个肾脏，由一百多万个被称作肾单位的微小组织构成，简而言之，这些肾单位实际上是过滤器（见图 17.2）。它们如同微小精密的滤网，从血液中过滤液体，留下血细胞和较大分子，滤出液体（滤液），滤液通过专门的空心管状结构（肾小管）流至肾盂，然后流向输尿管，进入膀胱。但是，滤液从肾脏流出之后，有用物质会被重吸收并返回血液。同时，血液中滤过的残留无用物进入滤液。肾单位经过滤过作用、重吸收作用和代谢分泌三个重要过程，对血液的组成和体内环境进行精确调节。

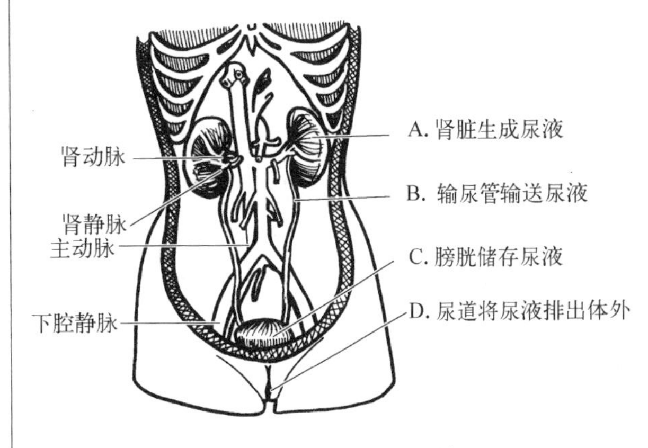

图 17.1 人体泌尿系统

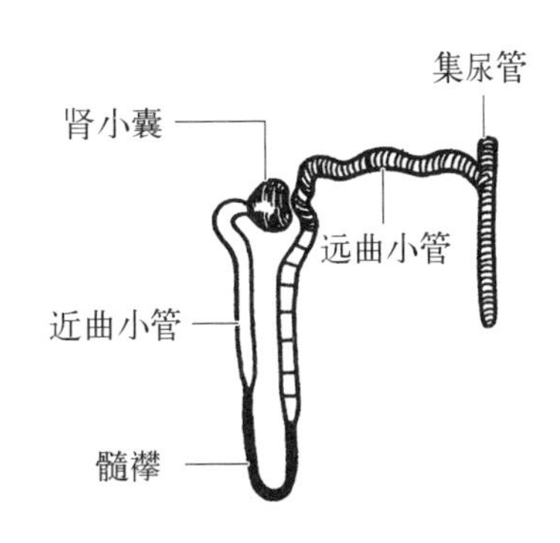

图 17.2 肾单位

接下来让我们更详细地了解每一个过程。

肾单位的组成

肾小球——对血液进行滤过作用

肾小囊——储存滤液

近曲小管——重吸收滤液中 75% 的水、盐、葡萄糖和氨基酸

髓襻——建立和维持浓缩尿液所需的盐分梯度

远曲小管——分泌氢离子、钾及其他成分

滤过作用

血液通过肾动脉流入肾脏。在肾脏内部，肾动脉发散出大量越来越细的分支血管，它们为纤细脆弱的毛细血管网提供血液。这种血管结构被称作肾小球。血压使液体从肾小球中的毛细血管流出，就像花园水管中的水受水压作用从水管漏缝中流出一样。肾小球周围有一特殊组织叫肾小囊(肾小囊和肾小球组成肾小体)，收集肾小球滤过的液体。滤液经过肾小囊流入肾小管。

重吸收作用

离肾小囊最近的近曲小管是肾小管的第一部分。在肾单位中，大部分水、葡萄糖和盐都是由肾小管周围的毛细血管(肾小管管周毛细血管网)重吸收，这需要肾小管分泌钠元素，同时又要求 ATP 形式的能量，因此被称为活性转移。它涉及肾小管中的钠元素从滤液进入细胞的全过程，而这些细胞构成了肾小管壁。在这些细胞外部，肾小管细胞主动分泌出钠元素，随后钠进入肾小管管周毛细血管网。钠在溶解状态下是正电荷离子，在分泌过程中会吸引氯化物等负电荷离子。这种滤过作用中的离子运动会稀释滤液，增加水浓度，因而引起水在肾小管外扩散。易化扩散是一种被动过程，同样进行重吸收作用，吸收葡萄糖等分子，在此过程中，专门的载体蛋白帮助输送葡萄糖通过肾小管细胞膜。

滤液从近曲小管流入肾小管中一个名为髓襻的特殊组织，这一组织对尿液生成至关重要，其降支具有渗透性，水可以通过扩散作用流出亨勒襻，从而提高滤液浓度。高浓度滤液在亨勒襻末端开始进入升支。升支中，肾小管会分泌盐分，增加肾小管周围液体浓度，然而与此同时，升支并不具有渗透性，水无法流出肾小管，因而稀释了滤液浓度，最终使得髓襻末端的滤液浓度与初端滤液浓度相等。区别在于大量滤液会留在肾小管中，而髓襻中的浓度梯度依然很大，它们将在之后的尿液生成过程中派上用场。

位于髓襻之后的肾单位是远曲小管。在这一部分，更多的盐和水被重吸收，还会发生钠的活性转移作用。但在远曲小管中，钠的比率是由激素醛固酮精确控制的。大脑对身体何时需要保留盐和水发出信号，肾上腺接收到大脑发出的信号，然后分泌激素。

大脑发出的信号分子称为抗利尿激素(ADH)，帮助人体储存水分。

作为肾单位一部分的集尿管位于远曲小管之后，受 ADH 影响。集尿管恰好处于髓襻末端，含盐浓度很高，水渗透性很低，所以集尿管中的大部分滤液会在肾盂中收集，并传输至尿管。然而，ADH 使集尿管的渗透性显著提高，在这种情况下，集尿管中的水会流至髓襻周围。滤液中水的流失使尿液浓度升高。集尿管是肾

单位的最后部分，也是最后一个可以改变滤液组成成分的结构。滤液流出集尿管后就成为尿液，成分不会再发生变化。

代谢分泌

血液中许多无用的排泄物因过大而无法被肾小球滤过。尽管肝脏可以把它们分解为水溶小分子，帮助肾小球滤过，但一些排泄物不得不从血液进入肾小管滤液。这一分泌过程通常会出现活性转移，因此需要腺苷三磷酸(ATP)。

氢离子是分泌进滤液的主要成分之一，存在于所有酸性溶液中。肾小管的细胞膜不能渗透氢离子，因此，氢离子一旦进入滤液，就会一直留在滤液中。但水和二氧化碳反应可以产生氢离子，这种分子化学反应必须经碳酸酐酶的催化作用才能完成，而碳酸酐酶存在于肾小管内部。

水和二氧化碳反应会产生一种叫做碳酸的化合物，它能快速产生氢离子和碳酸氢离子，氢离子保留在肾小管中，碳酸氢离子离开肾小管，进入血液，与其他氢离子结合，生成血酸。这一过程受到碳酸酐酶的数量和分布以及血液中二氧化碳含量的共同作用和影响，尽管如此，基本过程仍旧非常简单。肾脏将氢离子留在肾小管中，重吸收碳酸氢化物，通过这种方法，氢离子被分泌进入肾小管滤液。

另一种分泌进滤液的离子是铵离子，由氨分子与氢离子在肾小管滤液中反应生成。氨分子不带电，因此可以自由进出肾小管，但当它与氢离子结合之后，就带有强电荷，只能留在滤液中。

钾离子也是分泌进肾小管滤液中的离子之一。因为在大多数钠离子活性转移过程中，钠与钾的流动方向相反，所以钠离子会流出，而钾离子被留下。在近曲小管中，大部分钾离子被扩散重吸收。在远曲小管中，钾离子被活性分泌进肾小管滤液，与钠离子发生直接交换，这一交换过程在激素醛固酮的控制下进行。如上所述，激素醛固酮由肾上腺分泌，接受到大脑发出的调节信号后开始工作。

血液还会分离出其他小分子进入肾小管滤液，这些小分子包括肌酸酐(肌肉代谢的副产品)、药物(如青霉素)以及其他化合物。其中大部分小分子都将进入近曲小管、远曲小管与集尿管。

排泄

尿液从集尿管流向肾盂，肾盂位于肾脏中心的收集区域。尿液从肾盂流出肾脏，经过输尿管，进入膀胱并储存在膀胱内。

尿液在输尿管中的运动在受其收缩辅助的作用下进行，称作输尿管蠕动。

尿液从膀胱经一个管状结构排出身体，这个管状结构就是尿道。膀胱结节处周围的环形肌肉和尿道帮助贮存尿液。膀胱充盈时，专门的感应神经向大脑发送信号，在适当时机，大脑通过名为排尿反射的特殊反射作用，允许膀胱排出尿液。在这一反射作用中，充盈的膀胱通过脊髓发送信号并接收信号返回至膀胱，促使尿道周围的括约肌收缩放松，同时，括约肌帮助输尿管与膀胱收缩，从而防止尿液回流肾脏。

大多数人每天在非睡眠时间排尿4～6次，但这一频率会受到多种情形影响发生剧烈变化，最常见的是深夜大量摄入液体(尤其是酒、咖啡或茶)。使排尿频率增加的最主要原因是尿路感染，导致尿频的其他原因还包括心脏和肝脏疾病以及糖尿病。

总之，肾单位每分钟大约产生125毫升滤液，以这种速度，人体内的所有液体每天会经过16次滤过作用，约为180升，其中1.5升被重吸收，其余的均作为尿液排出体外。当一切过程运转良好时，我们几乎很难注意到肾脏的表现是多么完美，不过一旦出现问题，我们就会立即察觉。

肾脏分泌两种激素——肾素和红细胞生成素。肾素维持盐和水的平衡，从而控制血压。红细胞生成素促使骨髓生成红细胞。

肾脏疾病

肾脏疾病有数种诊断方法，包括尿液化学分析法，即检测尿液中的蛋白质（蛋白尿），检测糖类或酮类含量，或者检测血细胞。尿液中的蛋白质含量可以显示肾小球膜是否破损，是严重肾脏疾病的一个重要标识。尿液中的糖类或酮类含量是是否发生糖尿病的指标。通过尿液中的白细胞数量可以看出肾脏是否感染。通过肾活检得到的组织和细胞采样在确诊癌症时非常有用，还可以监控治疗进度。

感染、毒素和遗传疾病等许多原因都会导致急性肾功能衰竭。简言之，急性肾功能衰竭是指肾脏清除血液毒素的能力急剧下降，导致血液中新陈代谢产物的不断积累，如尿素。急性肾功能衰竭表明至少存在以下三种问题中的一种：

- 供血不足、脱水或物理性损伤，心力衰竭或肝功能衰竭。
- 前列腺增生或肿瘤压迫尿道引起尿路阻塞。
- 肾脏内部损伤，可能是变态反应、毒性物质、动脉阻塞、结晶体、蛋白质或肾脏内的其他物质。

急性肾功能衰竭可以治愈。如肾衰竭严重，可采取透析治疗，有时需终身透析或直到可以进行肾脏移植。慢性肾功能衰竭是肾脏功能减退过程更加缓慢的一种疾病，诱因包括高血压、尿道阻塞、肾脏畸形，如多囊肾病、糖尿病和自身免疫系统失调等。大多数症状可以通过饮食、饮水量和药物控制，只有在这些治疗方法都无效的情况下，才进行长期透析或器官移植。

透析

血液透析和腹膜透析都可以将体内的排泄物及多余水分排出体外。血液透析从体内抽出血液，输送进一台机器，这台机器通过扩散作用移除有毒物质，然后把净化的血液重新输回人体。腹膜透析是让含有特殊葡萄糖化合物与盐分的液体进入腹腔，在腹腔中吸收组织里的有毒物质，之后排出液体并丢弃。

通常情况下，每周需做3次透析，具体视肾脏疾病的严重程度而定，患者可以正常生活，但特殊膳食和药物非常重要。虽然透析可以维持生命，但治疗与用药所需花费、自主感丧失以及时间成本都会对患者的生活造成重大影响。

肾炎指肾脏出现炎症，由感染或者免疫反应异常引起。

血管疾病

肾脏为了维持正常运转，需要持续供血，因此供血中断会引起损伤。肾动脉完全阻塞很罕见，但血液中的大颗粒、血凝块或手术导致的损伤都会造成肾动脉完全阻塞。

除了可能的下背部持续酸痛外，小型阻塞不会出现其他临床症状。肾动脉完全阻塞会导致尿液无法生成，肾脏运转停止。肾脏影像是确诊这类疾病的唯一方法。

血管疾病包括血管炎症，肾动脉阻塞，肾小血管阻塞，肾脏外层整体或部分损伤，高血压引起的肾脏小血管损伤，及肾静脉阻塞等。常见治疗方法是使用抗凝血剂，有时也采取手术。

有些肾脏畸形是结构性或代谢性的，通常为遗传疾病，生来就有，包括肾性糖尿病、肾源性糖尿病、胱氨酸尿症等非常罕见的遗传疾病。

尿路感染、尿路阻塞与尿失禁

除了与肾脏直接相关的疾病之外，下泌尿道还会发生一些轻微但恼人的疾病。膀胱中的尿液通常是无菌的，但泌尿道的任何部位都可能会被感染。这种感染常常开始于尿道，称为尿道炎，而后可能会转移至膀胱，称为膀胱炎。如果不及时治疗，会转移至输尿管（尿管炎），然后移至肾脏（肾盂肾炎），造成极大危险，引起严重的肾脏损害。细菌、病毒、真菌和寄生虫均可引起此类感染。

对女性来说，排尿缓慢或尿等待表明出现了尿道阻塞（可能是由于发育或肿胀造成），而对于男性，则表明出现了前列腺增生。尿路阻塞会发生在从肾脏到尿道的任何部位。常见疾病有肾盂积水或肾脏肿胀及尿路结石。

尿失禁指无法控制排尿，是一种轻微疾病，广泛分布于各个年龄段的人群。女性更容易罹患尿失禁，疗养院 50% 的患者都患有尿失禁。女性尿失禁通常由膀胱突出症引发，而造成膀胱突出症的罪魁祸首就是分娩过程中骨盆底肌受到的拉伸与破坏。引发女性尿失禁的另一个重要原因是更年期后雌性激素下降。

许多人患有尿失禁，尽早治疗可以治愈或控制尿失禁。

很多情形会造成肾脏或泌尿道损伤，如手术、放射疗法、钝性创伤或穿透伤。治疗方法取决于受伤类型及患者的临床症状。

肾脏和泌尿道的肿瘤与癌症

膀胱癌是目前男性中最常见的癌症，而在女性群体中，膀胱癌位于高发癌症榜的第八位。成年人癌症中 2% 是肾癌。血尿是膀胱癌的先兆之一，可以对尿液中的红细胞进行例行显微镜检查。

血尿还是肾腺癌的初期症状之一，但有时不易察觉。其他症状还包括内部疼痛和发热。如果癌细胞没有扩散至其他器官，通过手术去除被感染的肾脏部分或淋巴结就可治愈。如果癌细胞已经转移至其他部位（通常是肺部），使用白细胞介素会对治疗产生帮助。

肾盂、输尿管和尿道都会发生癌症。血尿与下腹部疼痛是肾盂和输尿管癌症的早期症状。尿道癌症更为罕见，但血尿也是尿道癌的初期症状之一。活检是确诊的必要手段。尿道癌可以通过手术治愈。

小结

- 泌尿系统包括肾脏、输尿管、膀胱和尿道，主要功能是调节体液组成成分。
- 肾脏滤过血液中的代谢产物、多余的钠和水分，并调节血压和血红细胞的生成。每个肾脏包含约一百万个滤过元件或肾单位。
- 血液经过肾动脉流入肾脏，水、钠、葡萄糖和其他滤过物质在血液中被重吸收，同时无用的分子流向输尿管，进入膀胱。膀胱进行收缩，将尿液通过尿道排出体外。

- 泌尿系统疾病从较轻微的尿路感染到急性或慢性肾功能衰竭，种类复杂。
- 其他肾脏问题包括感染、肾脏无法排泄废物、损伤及血管疾病。根据疾病的严重程度，可以采取多种治疗方式。在慢性肾脏疾病中，透析是常用疗法，可以保证患者完整和相对正常的生活。
- 泌尿系统癌症多发。血尿通常是发生癌症的前兆。泌尿系统的任何部分都可能出现癌症，根据严重程度和发病范围，可以采取手术与药物治疗将其治愈。

第十八章 18 内分泌系统

关键词

分泌； 肌细胞； 胆固醇；
糖蛋白； 孕烯醇酮； 生理节律；
儿茶酚胺

虽然我们不可能总是按时进餐或维持血液中恒定的葡萄糖浓度，但我们的身体会进行非常良好的调节，这是人体奇迹之一。激素是一种化学信使，通过激发反应使葡萄糖浓度回归至正常水平，从而弥补我们做出的错误选择。内分泌系统为人体生产种类繁多的激素，实际上内分泌系统要做的工作非常繁多。

内分泌腺

内分泌系统包含一系列器官，一般指体内分泌的各种腺体。这些腺体向血液和细胞外液分泌，以此向所有细胞发出激素信息。通常情况下，神经系统辅助内分泌系统调节生理功能。

内分泌系统的主要器官有下丘脑、脑垂体、甲状腺、甲状旁腺、胰腺胰岛素、肾上腺、睾丸、卵巢和松果体。除了常见的内分泌器官，人体的其他细胞也会分泌激素。心房内的肌细胞、胃部零散分布的上皮细胞以及小肠都是典型的“扩散”内分泌系统（见图18.1）。

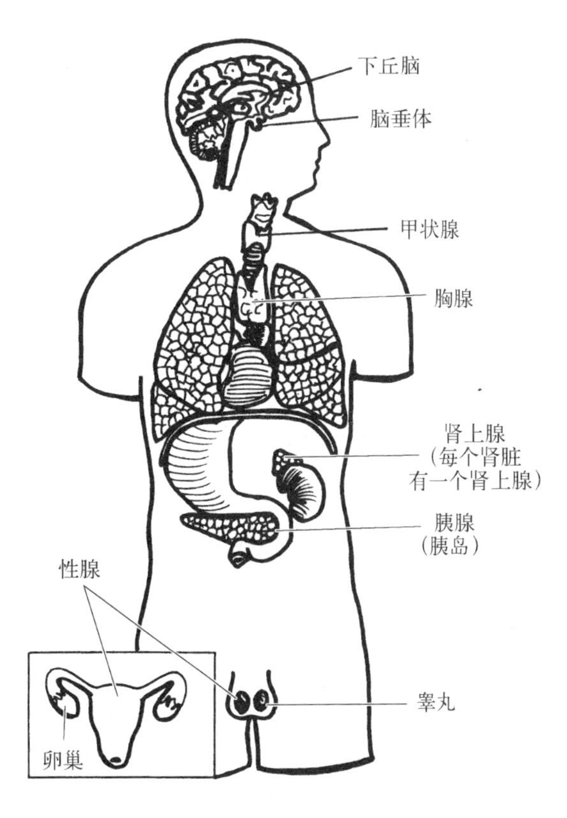

图 18.1　人体主要内分泌腺体

内分泌系统与神经系统不仅功能相关，而且结构相关。大脑中的下丘脑可以控制血压、体温和情绪，它还是一种内分泌腺，生成激素，与脑垂体相连。脑垂体是主腺，因为它控制着其他内分泌腺的运转，包括甲状腺、肾上腺皮质、卵巢和睾丸。脑垂体分泌的部分激素会产生直接影响，例如生长激素会促进身体组织生长。脑垂体分泌的另一些激素可以控制其他腺体分泌激素的水平，例如脑垂体分泌促肾上腺皮质激素，从而使肾上腺皮质分泌类固醇激素，影响脂肪、葡萄糖和蛋白质的新陈代谢。

脑垂体还可以通过反馈回路控制自身激素分泌水平，血液中其他内分泌激素水平可以向脑垂体发送信号，减缓或加速激素分泌。

激素类型

实际上，血液中的激素循环会与所有细胞发生联系。激素对细胞的影响取决于激素类型和细胞类型，大部分激素是蛋白质，来源于胆固醇，由不同长度的氨基酸链和类固醇组成。

激素对人体非常重要。一些激素（缩氨酸受体）与细胞受体相联系，引发细胞内部的大量反应，加速反应，减缓反应或功能改变。其他激素（类固醇受体）渗入细胞膜，在细胞内部发生作用，改变基因表现。

激素会引发以下三种反应：

- 内分泌作用：激素通过血液流动，与远距离的靶细胞发生反应。
- 旁分泌作用：激素从其来源腺体扩散至周围的靶细胞。
- 自分泌作用：激素在其产生的细胞内发生作用。

激素有四类结构，每一种结构的构成都大体相同，它们是缩氨酸和蛋白质、类固醇、氨基酸衍生物、脂肪酸衍生物或类花生酸（或脂肪酸衍生物）。

缩氨酸和蛋白质

信使核糖核酸提供的遗传信息中含有氨基链，它的合成与转化过程会产生缩氨酸和蛋白质激素，这两种物质的大小及范围因三种氨基酸和大型多亚基糖蛋白的不同而发生变化。

缩氨酸在内质网中合成，输送至高尔基体。通过分泌泡囊的运动，一些细胞可以在分泌颗粒中储存缩氨酸，受到刺激后"爆裂"释放缩氨酸。这种现象非常普遍，帮助细胞在短时间内分泌大量激素。在固有分泌中（即期产生），细胞无法储存激素，但分泌泡囊可以分泌并合成激素。

类固醇

类固醇是脂类物质，更精确地说，是胆固醇衍生物。包括睾丸素和肾上腺类固醇在内的类固醇，比如皮质醇，可以增加血糖含量。所有类固醇激素合成的第一步都是胆固醇向孕烯醇酮转化，孕烯醇酮由线粒体内膜生成，在线粒体和内质网间来回运动，进行进一步的酶转化。

如果可以储存，则新的合成类固醇激素由细胞迅速分泌，颗粒微小。分泌物的增加反映了合成速度的加快，分泌之后，所有的类固醇都会在一定程度上与血浆蛋白质发生联系。

氨基酸衍生物

激素来源于氨基酸和铬氨酸两种物质。甲状腺激素（如甲状腺氨酸会增加细胞新陈代谢速度）是双铬氨酸，经 3 或 4 个碘原子共同产生。甲状腺激素的半衰期循环需经历数日。儿茶酚胺中含有肾上腺素与去甲肾上腺素（见主要内分泌腺），与激素和神经传导物质发生作用，在短短几分钟内就可以完成分解和循环。另外两种合成激素的氨基酸是色氨酸（血清素和松果体褪黑激素的前体），以及可以转化为组胺的谷氨酸。

脂肪酸衍生物

脂肪酸衍生物也被称为类花生酸，是很大

的一组激素，来源于多元不饱和脂肪酸（人体内任何脂肪酸都来自脂肪的水解作用），除红细胞外，所有细胞均会分泌类花生酸。其他激素还包括前列腺素、白细胞三烯和凝血恶烷。花生四烯酸是这些激素最丰富的前体。

花生四烯酸储存在膜脂中，由各种脂酶（脂解酶）相互作用产生，这一酶反应过程在细胞中进行，证明了类花生酸的合成结构。这些激素的活性时间通常只有几秒钟。

主要内分泌腺

脑垂体和下丘脑

下丘脑产生激素，控制脑垂体，通常包括促肾上腺皮质激素释放因子（刺激释放促肾上腺皮质激素）及促性腺释放因子（刺激释放黄体生成素和卵泡刺激素），它还能生成抗利尿激素（ADH）和催产素（OT），储存在脑垂体中。这种葡萄状的腺体位于大脑底部，下丘脑下方。

脑垂体由两个独立的部分组成，即前叶与后叶。下丘脑在血液中释放激素以控制前叶，同时通过神经冲动控制后叶（见图 18.2）。

脑垂体前叶激素包括：

- 生长激素（GH），促进骨骼、肌肉及身体其他细胞的生长。
- 促甲状腺激素（TSH），促进甲状腺的生长与活性。
- 促肾上腺皮质激素（ACTH），促进肾上腺分泌其他激素。

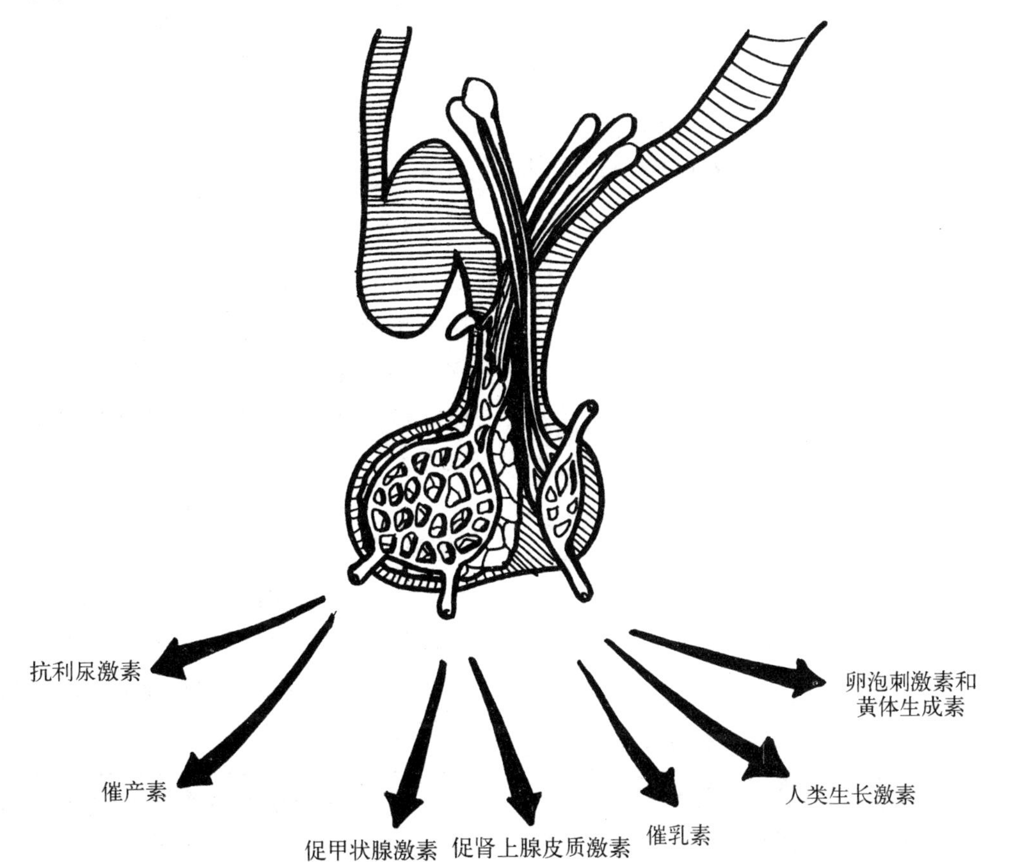

图 18.2　下丘脑和脑垂体

- 卵泡刺激素(FSH),促进性腺生成卵子和精子。
- 黄体生成素(LH),促进性腺产生性激素。
- 催乳素(PRL),促进母乳分泌。
- 人类生长激素(hGH),促进生长和脂肪动员。

脑垂体后叶激素包括:

- 抗利尿激素(ADH),控制肾脏的吸水性。
- 催产素,促进分娩过程中的子宫收缩及哺乳期间的母乳流动。

下丘脑和脑垂体的功能是促进性器官分泌性激素,其中男性分泌睾丸素,女性分泌雌激素和孕酮(黄体酮),从而调节生殖系统。

下丘脑和脑垂体产生的部分激素无法持续释放。如促肾上腺皮质激素、生长激素和催乳素等都具有生理节律(约24小时循环的生物节律),其他激素的释放时间也不尽相同。

松果体与下丘脑毗连,分泌褪黑素,控制身体功能,以应对昼夜与四季变化。

甲状腺与甲状旁腺

甲状腺宽约5厘米(2英寸),位于颈部喉结处,由两侧叶和中间峡部组成,分泌甲状腺素,加速新陈代谢,帮助生长发育。甲状腺素刺激体内的所有组织生成蛋白质,同时增加细胞中的氧含量,从而影响代谢速率。细胞工作越努力,身体反应也相应越强。

为了正常运转,甲状腺需要留住碘元素,而碘存在于食物和水中,可溶入甲状腺素。激素用完之后,一些碘会返回甲状腺并重新开始循环。

这一复杂系统经过一系列神奇的过程,使得甲状腺开始工作。下丘脑分泌促甲状腺素释放因子(TRH),它又反过来引起脑垂体生成促甲状腺激素(TSH),根据血液中循环的甲状腺素水平,脑垂体依身体所需减少或增加分泌。

约80%的甲状腺素被转移至肝脏与其他器官促进新陈代谢,生成三碘甲状腺原氨酸(T_3),其余部分仍保留在甲状腺内。三碘甲状腺原氨酸的转化速率与当时的身体所需直接相关,此外还与血液所需蛋白质密切相关。

甲状旁腺是四片式组织,位于甲状腺上,分泌甲状旁腺素,调节血钙水平。

胸腺位于上胸部,分泌胸腺素,促进免疫系统中T细胞的发育,是淋巴系统的重要组成部分,保护身体免受感染。

肾上腺

肾上腺分泌肾上腺素和去甲肾上腺素,这两种激素会引起"战斗还是逃跑"的反应。它们会分泌醛固酮和皮质醇,醛固酮影响人体水盐平衡,皮质醇促进葡萄糖合成,并应对压力。

肾上腺位于两侧肾脏上方,肾上腺内部(髓质)分泌肾上腺素,影响血压、心率、出汗与其他活动,同时受交感神经系统调节。肾上腺外部(皮质)分泌皮质类固醇、雄性激素和盐皮质激素,帮助控制血压及体内盐和钾的含量。

肾上腺素受下丘脑和脑垂体功能的控制,如果没有充足的蛋白质,肾上腺素将会停止工作。

胰腺

胰腺包括两种基本组织，即腺泡和胰岛，腺泡产生消化酶，胰岛使细胞分泌胰岛素和胰高糖素。胰岛素和胰高糖素控制血糖水平，胰高糖素升高血糖含量，胰岛素降低血糖水平。胰腺还会分泌生长抑素，阻止胰岛素和胰高糖素的释放。

胰腺分泌消化酶，进入十二指肠（小肠的最前端），并分泌激素进入血液。消化酶由腺泡细胞生成，从多个通道流入胰腺管，通过肝胰壶腹括约肌与肝总管相连，并经过肝胰壶腹括约肌进入十二指肠。这些酶对蛋白质、碳水化合物及脂肪的消化吸收非常重要，只在消化道中才能被激活。

卵巢和睾丸

女性卵巢和男性睾丸是内分泌系统的组成部分。卵巢生成雌激素和孕酮（黄体酮），维护女性生殖系统和第二性征。孕酮（黄体酮）在孕期保护子宫。睾丸生成睾丸素，这种激素维护男性生殖系统与第二男性性征。

内分泌系统疾病

内分泌系统如同一个团队，一个部分出现问题会严重影响整个人体。为了确保良好运转，系统必须准确发送和接收每一条信息。

最严重的内分泌疾病是糖尿病，即人体无法控制血糖水平。血糖含量过高会导致肢体丧失、失明，甚至昏迷或死亡。尿液中的糖含量是糖尿病的重要警示之一，因为糖尿病患者的尿液中会含有大量糖分。

> 1 型糖尿病通常形成于童年，胰腺胰岛中的细胞无法生成胰岛素，患者需要注射胰岛素，并且严格控制饮食。
>
> 2 型糖尿病通常出现在 40 岁左右。这种情况下，β 细胞可以产生胰岛素，但身体对胰岛素的反应不够。2 型糖尿病需要通过运动、药物和饮食共同控制。

其他内分泌腺体疾病常常会影响生长和新陈代谢。例如，甲状腺功能减退可导致新陈代谢减慢。患者倦怠畏寒，容易发胖。甲状腺功能亢进会使人变得易怒，体温升高，出汗，体重下降，血压升高。

压力也会影响内分泌系统的正常运转。短期压力会引起肾上腺分泌肾上腺素和去甲肾上腺素，为应对危机提供充足能量，并通常伴随着血压与血糖的升高。长期压力会导致肾上腺分泌过量激素皮质酮，造成血压升高，免疫系统发育不良。

小结

- 内分泌系统包括人体的分泌作用与激素释放。激素有助于控制器官运转、生长发育、生殖和性征、身体如何使用和储存能量，以及血液总量和盐糖水平。
- 内分泌系统的主要器官有：下丘脑、脑垂体、甲状腺、甲状旁腺、胰腺胰岛、肾上腺以及睾丸或卵巢。
- 脑垂体生成激素，控制包括肾脏吸水性在内的身体功能。与下丘脑毗连的松果体分泌褪黑素。
- 甲状腺分泌激素，加速新陈代谢，帮助生长发育。甲状旁腺是四片式组织，位于甲状腺上，分泌甲状旁腺素，调节血钙水平。胸腺促进免疫系统T细胞的发育。

- 肾上腺生成肾上腺素和去甲肾上腺素，这两种激素会引起“战斗还是逃跑”反应。胰腺分泌消化酶、胰岛素和胰高糖素，控制血糖水平。
- 女性卵巢生成雌激素和孕酮（黄体酮），男性睾丸生成睾丸素。
- 糖尿病是一种严重的内分泌疾病，表现为身体无法控制血糖水平。1型糖尿病发生于童年，2型糖尿病常常在40岁左右发病。

第十九章 19 神经系统

关键词
神经节； 髓鞘； 自主的；
神经递质； 突触

神经系统主要由两部分构成：中枢神经系统和外周神经系统。中枢神经系统是由脑和脊髓组成的主要控制中心；外周神经系统是伸展至全身的神经网。这两个系统共同监控、协调、控制整个身体的活动。

中枢神经系统

中枢神经系统处理信息并通过外周神经系统整合信息，同时向身体其他部位给予指令。外周神经系统收集信息并传回到中枢神经系统。

脑

我们之所以为人，是因为我们有着高度发达的脑。它是我们所有情感、记忆、行为和情绪的基础。因为有了脑，我们才能读写、作曲、欣赏音乐、和他人交流、规划未来。脑是神经系统的“控制中心”。

脑是一个复杂又反应快捷的奇迹。它需要长期丰富的滋养才能达到最佳状态。脑约需要来自心脏20%的血液供给。缺少氧气，极低的血糖值，或者有毒物质，都会使脑在几秒钟内停止运作。

脑部的血液供给只需中断10秒钟，人就会失去知觉。

脑约重1 500克，有将近1 000亿个神经元和9 000亿个神经胶质细胞(保护和滋养神经元)。它由骨头、坚韧的脑膜和缓冲液保护。脑主要由三个组成部分：大脑、小脑、脑干(见图19.1)。

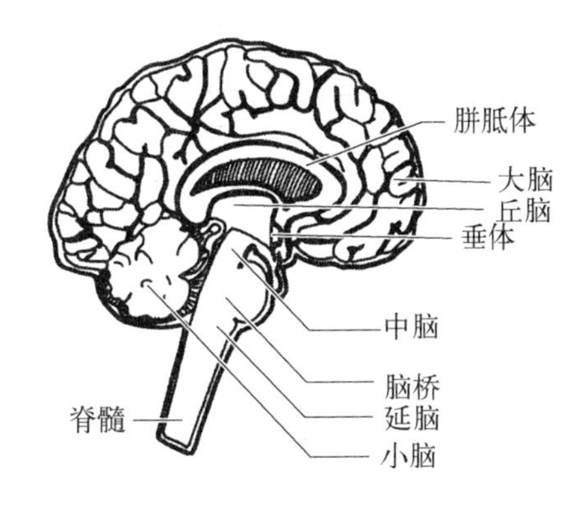

图 19.1 人类大脑

大脑和丘脑

大脑控制脑部所有自发或有意识的行为。它被稠密的、复杂的组织覆盖，分为左右两个大脑半球，中间通过叫胼胝体的神经元连接起来。两个大脑半球又分为四叶：额叶、颞叶、枕叶、顶叶。每个大脑半球都控制对侧身体的活动。

- 额叶控制包括言语、情绪、思想以及对未来规划等熟练的动作行为。
- 顶叶分析从身体其他部位的感觉输入并控制身体动作。
- 枕叶分析视觉。
- 颞叶形成记忆和情感。它使得人们可以分辨人和事物，加工和回顾长期记忆，并发出交流或动作。

大脑底部有基底神经节、丘脑和下丘脑。基底神经节帮助调节人的动作；丘脑整理来自和前往脑部最高级别的感官信息；下丘脑则负责协调身体更加自动的行为，如睡眠、体温调节、控制身体的水平衡等。脑干连接脊髓和脑，同样涉及呼吸、心率调节、睡眠及觉醒等重要的功能。脑干分为三个部分：中脑、脑桥和延髓。

小脑位于脑干的后上方，是脑组成部分中的第二大结构。它协调肌肉活动，让身体可以协调、稳健、有效地运动。小脑还控制身体平衡，协调躯体运动。

脊髓

脊髓是一个扁圆柱状，由神经元、支持组织和血管组成的脆弱的器官。它由脊柱骨、三层脑膜和缓冲液保护。

脊髓的功能是将神经冲动传输给脑也同时传出。脑通过脊髓中上下运动的神经同身体进行沟通。每节椎骨自身以及同其他椎骨之间都有间隙，脊神经通过这一间隙将(脑信息)传递给身体其他部位。

位于脊髓前端的运动神经将脑部信息传达给身体肌肉。位于脊髓末端的感觉神经则将身体各处感官信息传递给脑。

人体神经系统的组成

神经系统由两部分组成：
Ⅰ. 中枢神经系统(包裹在头盖骨和脊柱中)
Ⅱ. 外周神经系统：
　A. 感觉神经(监控身体内部情况和周围环境)
　B. 运动神经(控制运动)
　　1. 躯体神经系统——骨骼肌
　　2. 自主神经系统——平滑肌、心肌、腺体
　　　a. 交感神经(刺激身体)
　　　b. 副交感神经(放松身体)

脊髓的外围是白质，内围为灰质。白质中的神经元由少突细胞保护。它们在神经元外形成鞘，这就是为什么白质呈现出白色的原因。而在内部的神经元没有鞘的保护，因而呈灰色。

外周神经系统

外周神经系统是由许多神经纤维组成，一些神经纤维的直径不超过 1 毫米，而另一些的直径则超过 6 毫米。躯体神经系统是外周神经系统的一部分，主要控制自发性反应。骨骼肌回应躯体神经系统，并同时负责一部分非自发性反应。

自主神经系统负责脑干与内脏之间的交流。它调节身体内部不需要意识，如心脏收缩频率、呼吸、胃酸分泌，以及食物经过消化道的速度。

自主神经系统由两部分组成，交感神经系统负责应激情况，而副交感神经系统则控制与休息和消化相关的身体功能。

这两个系统的神经通常对器官和腺体有不同的作用。刺激交感神经会加速心跳速率；刺激副交感神经则会使心跳减速。这样相对的效果能使身体保持平衡。

副交感神经系统：
- 收缩瞳孔
- 刺激唾液腺分泌
- 收缩支气管
- 减慢心跳
- 促进胃肠蠕动
- 刺激胆囊
- 收缩膀胱

交感神经系统：
- 放大瞳孔
- 抑制唾液腺分泌
- 扩张支气管
- 加速心跳
- 抑制胃肠蠕动
- 刺激肝脏葡萄糖的分泌
- 舒张膀胱

神经元

每天，神经会时时刻刻在你的身体内传递上千个信息。神经冲动是沿着神经元膜内的化学、电改变的。这些改变可在千分之一秒之内完成。

身体中有超过 1 000 亿个神经细胞。每一个神经细胞，或称作神经元，有一个很大的细胞体，叫做轴突，用于传递化学信息(见图 19.2)。神经元也有很多树突，或者叫分支，用于接收信息。简单来说，神经信号来自树突，并由轴突传递。

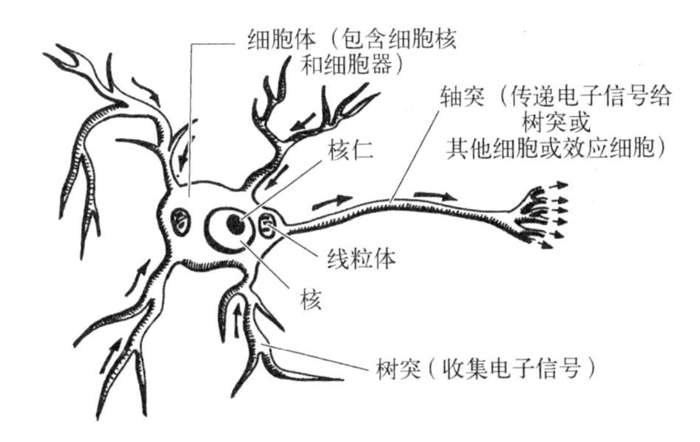

图 19.2　神经元结构(顺时针)

神经元通过细胞膜带有电荷。这是由于带电离子通过细胞膜时的泵送效应。神经元内部有负电荷相对于外部显负电。当受到完全刺激时，通过细胞膜的电荷会转向并很快回归“中性”。这样的电子变化称作动作电位，使神经间信息的传递成为可能。

神经元以一个方向以带电方式传递信息，从一个神经元的轴突到下一个神经元的树突。所传递的神经冲动包括离子通过神经膜的运动。在突触或每个神经元之间些小的连接处，传递信息的轴突分泌叫做神经递质的化合物。(细胞)膜的通道打开，钠离子(Na^{+})进入细胞。当钠离子进入神经元后，钾离子(K^{+})流出细胞，让细胞的电荷回归静息电位。传递神经元所释放的神经递质会触发下一个神经元的树突，以激活下一个神经元。这样持续地从一个神经元传输到另一个神经元的电荷反转叫做神经冲动。

每一个轴突都由一个绝缘髓鞘包裹着。当一个神经冲动到达轴突的末端时，冲动会使包含神经递质的树突小泡与轴突膜相融合。每一个融合了的树突小泡会释放其神经递质进入相邻神经元的突触并扩散开来，同下一个接受信息的细胞的感受器结合。这样的结合过程使接收细胞的膜电位发生改变，进而导致新的神经冲动或神经反应。

感觉神经元监控身体和环境条件，并向中枢神经系统传递神经冲动。运动神经元则将冲动从中枢神经系统传出，使肌肉、器官和腺体有所回应。

中间神经元是特殊的神经元，它们传递感觉神经元和运动神经元之间的信息。

神经系统异常

十几亿个神经元以光速将重要信息传递给

身体各个器官、肌肉和腺体。感觉神经元帮助我们迅速反应并适应环境的变化。这些过程都不经过人类的思考。当疾病或伤害攻击我们一部分的神经系统或者神经元的功能时，这些影响是具有毁灭性的。

当髓鞘被破坏或者影响时，信息的流通就会减缓或者停止。这可能是格林-巴利综合征或者多发性硬化导致的。退化的神经可能导致老年痴呆症或者帕金森病。感染可能导致严重影响脑和神经系统功能的脑膜炎或者脑炎。供血阻塞可能导致中风，损伤和肿瘤可能严重影响神经系统运作的功能。

脑膜炎

脑膜炎是指脑组织被病毒或细菌感染。细菌性脑膜炎是脑膜的炎症，通常由脑膜炎双球菌、流感嗜血杆菌和肺炎链球菌引起。这些病原体都存在于我们周围的环境中，但很少感染脑部。一些已患的疾病可能会使患者更易患脑膜炎。

 脑膜是脑和脊髓的膜覆盖物。

感染脑膜炎的症状体现在呼吸系统疾病，随后会出现发热、剧烈头痛、颈强直、咽喉痛和呕吐。细菌性脑膜炎的病情发展迅速，会使患者在 24 小时内重病。如果得不到治疗，细菌性脑膜炎通常会导致死亡，所以必须迅速诊断。诊断通常是对脊柱周围液体(脊柱抽液)的样本进行分析。抗生素是标准治疗手段。不及时治疗可能导致患者(特别是幼儿和老人)永久性脑损伤。现在很多小孩都已注射 b 型流感嗜血杆菌疫苗，因为它是造成儿童脑膜炎最常见的病原。

老年痴呆症

老年痴呆症是一种影响一个人每天记忆、推理能力、判断能力和身体功能的痴呆症。尽管为什么一部分人会得这种疾病没有一个确定的理由，但遗传因素是很重要的一个原因。

对于老年痴呆症患者来说，他(她)的脑细胞退化，导致剩下的细胞对很多传输信号的化学物质的响应能力降低。在尸体解剖过程中，很容易找到叫做老年斑和神经纤维缠结的异常蛋白质和异常组织。一些脑中必要的能帮助传递给身体复杂信息的化学物质指数较低。

老年痴呆症的症状同痴呆症很相近，所以一开始并不容易确定究竟(患者)是不是患上了老年痴呆症。变化可能十分细微。患者可能在工作中表现不佳，或者在生活中的其他方面有一些记忆上的问题。有时，病情初起可能出现沮丧、恐惧、焦虑、情绪低落，或其他性情的转变。患者可能开始使用更简单的词汇，或者在表达时很难找到合适的用词。简单的任务变得异常困难。

美国有将近 400 万人患有老年痴呆症，在超过 60 岁的老年人中最常见。它是一种慢性疾病，每一个患者的患病过程都不尽相同。通常在确诊之后，老年痴呆症患者还可以活 8～10 年。

目前尚无有效的方法来阻止老年痴呆症的病情发展，但已证实抗精神病药物、抗抑郁剂，以及多种维生素和保健品可减轻症状。

帕金森病

帕金森病是神经系统的一种慢性、退行性

病症。患者可表现为过度抖动、颤抖、运动迟缓或肌肉僵硬。

位于脑部的基底神经节是帕金森病的病根。基底神经节负责加工信息并传递给丘脑，使丘脑将已处理的信息传递给大脑皮质。这些信号以电子脉冲的形式通过化学神经递质在神经通路和神经间传递。最基本的神经递质是多巴胺。当一个在基底神经节的神经细胞退化时，多巴胺会减少，神经细胞和肌肉之间的联系就会受到影响。

目前尚不确定为什么基底神经节会退化。尽管出现在同一家庭的几个不同的成员都可能患有帕金森病，但(人们)并不认为帕金森病是遗传性的。有时候病毒性脑炎、抗精神病药物的摄取，或阿片制剂(N-MPTP)类药物的滥用都可能导致帕金森病。头部创伤和中风也可能是影响因素。

帕金森病可能最初的症状只是手部放松状态下开始颤抖。通常是一只手开始，后逐步发展至另一只手，然后到手臂和腿。不是每一个帕金森患者都会颤抖，颤抖也不一定随着疾病的进程而加重。事实上，颤抖的现象可能反而会越来越不明显。

肌肉僵硬是帕金森病最严重的影响之一。肌肉的僵硬和不动性会导致肌肉酸痛和肌肉疲劳，再加上手部的颤抖，会让患者无法完成生活中的很多日常小事。随着病情的加重，患者越来越行动不便，这使得一些患者不得不依靠轮椅生活。用于治疗帕金森病的药物有很多，但左旋多巴-卡比多巴最为常见。

小结

- 人类的神经系统是一个复杂的人体控制中心。脑、脊髓和外周神经系统时时刻刻都在传输和接受信息帮助我们想、动、摸、看、闻、听和与他人交流。
- 脑包括大脑。左右大脑半球控制另一侧身体的活动。两个大脑半球分为四个脑叶，分别负责身体运动行为、感觉、视觉、记忆和情感的功能。
- 大脑底部是基底神经节、丘脑和下丘脑。基底神经节主要负责协调身体活动。丘脑组织感官信息，下丘脑则协调身体的自主功能。
- 位于脑干后的小脑负责协调肌肉活动。
- 脊髓是管状的脆弱器官。它被脊梁、脑膜和缓冲液包裹和保护。在脊髓中有上亿个由髓鞘包裹的神经元。
- 外周神经系统由几束单一的神经纤维组成。它调节心肌收缩、呼吸和其他无意识的任务。
- 神经元将上千个神经冲动在身体中传递。神经元通过一系列电荷的逆转和恢复在细胞膜之间传递信息。
- 常见的神经系统异常包括：脑膜炎、老年痴呆症或帕金森病。脑膜炎可能由已患疾病引发，但通常是由病毒或细菌感染引起。
- 老年痴呆症是一种使患者缓慢地逐渐丧失日常生活中的记忆、推理、思考和活动能力的疾病。帕金森病是一种退行性疾病，初期表现为手部颤抖，随后发展为患者肌肉僵硬和运动迟缓。

第二十章 20 生殖系统和人类的发育

关键词
窦； 子宫内膜； 黄体；
囊胚； 受精卵； 原肠胚形成

进化论是现代生物学的一个基础。让我们试想一下进化过程不需要有性生殖吗？尽管一些生物体可以无性生存，但对于包括人类在内的很多物种来说，有性生殖是生存的关键。

男性生殖系统

男性的外部生殖系统包括：阴茎、阴囊和睾丸。内部包括：输精管、尿道、前列腺和精囊。男性有两个睾丸。从青春期开始，睾丸会大量分泌睾丸素，标志着精子的产生和第二性征的发育。

> 睾丸位于阴囊内。在出生前，男性的睾丸在盆腔内，在快要出生前进入阴囊。阴囊对睾丸起保护作用。因为阴囊位于身体外部，所以它保证睾丸的凉爽，这对精子的发育和存活至关重要。提睾肌位于阴囊壁内，通过收缩使阴囊远离身体以保持凉爽，或者靠近身体以保持温暖。

睾丸由产生睾丸素的输精管组成。在这里，二倍体细胞进行细胞分裂以制造单倍体精子细胞。每一个特定的二倍体细胞形成四个同等大小的精子细胞。精子细胞会经历很多变化，首先形成一个长鞭毛，或者尾巴。然后单元核凝结，变长，形成一个头部。首尾之间密集的区域内会形成线粒体。在这一过程中，精子细胞体积越来越小，越来越成流线型。成熟的精子会在螺旋管内储存一段时间。螺旋管叫做附睾，大约有 6.1 米（20 英尺）长，沿每一个睾丸分布。

阴茎的根部和腹壁中部相连，阴茎的端口成锥形（见图 20.1）。尿道贯穿整个阴茎，止于其尖端。阴茎头的底部叫做头冠。

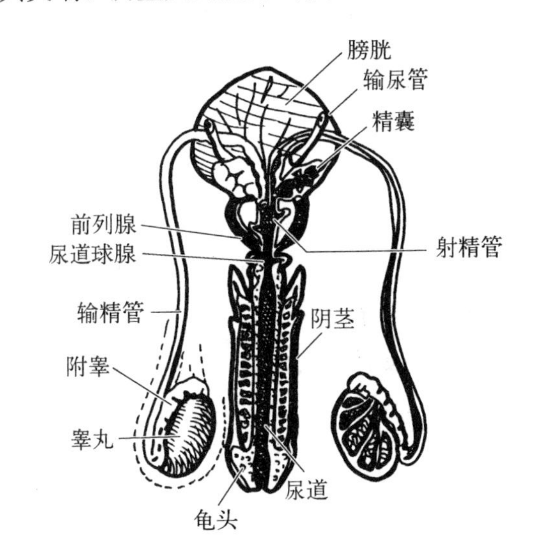

图 20.1　男性生殖器官

阴茎有三个柱形空间，或者窦状的勃起组织。这些海绵体并排，而尿道海绵体围绕在尿道周围。当这些海绵体充血的时候，阴茎会变大、变硬、勃起。

像线一样的输精管将精子从附睾运送到前

列腺并进入尿道。血管和神经也同样在输精管里活动，由此共同组建成精索。

尿道既是尿路的一部分，也是生殖系统的一部分。排尿和射精都是由尿道完成。

前列腺紧挨膀胱下方，并围绕着尿道的中部。前列腺和它上面的阴囊产生滋养精子的液体，并提供大部分的精液。

前列腺癌

前列腺癌在年长的男性中极为常见。这是一种扩散缓慢，相比来说较少症状的癌症。很多男性患病多年却并未意识到患有疾病。

当前列腺癌发展至晚期便会出现包括排尿困难和尿频等现象。这通常是因为癌症一定程度上阻塞了尿液的流动。前列腺癌在晚期时可能引起血尿或者突然闭尿。前列腺癌本身可能演变缓慢，症状较少，但如果转移至骨骼或肾脏，疾病就会迅速发展，同时并发症也会对人体健康造成更大的影响。

因为前列腺癌十分普遍，所以筛查是例行的检查。筛查通过直肠指诊，和标记前列腺特异性抗原的特殊验血进行。筛查并不十分可靠，人们对进行检测的价值以及如何、何时治疗前列腺癌存在争议。

手术、放射治疗、药物常常引起性无能，有时也会引起失禁。如果前列腺癌患者超过70岁，手术可能是禁忌证，因为患者更有可能因为其他原因死亡。一项较新的治疗手段——放射性种子植入治疗，提供了一种微创的方式。微小的放射性颗粒直接植入靶组织以消灭癌症。(医生)必须谨慎选择治疗手段以减少终身的后遗症。选择治疗手段时通常需要考虑肿瘤大小及恶化程度、有无转移，以及患者的年龄。

睾丸癌

睾丸癌表现为阴囊处有肿块。睾丸癌的发病原因尚不清楚，但3岁前如果睾丸没有降至阴囊内则发病率较高。

与前列腺癌不同，睾丸癌影响着更为年轻的群体，通常为40岁以下的男性。

阴囊里的肿块可能会有疼痛感，较易诊断，常规治疗为手术切除整个睾丸。术前可行α-胎蛋白和人绒毛膜促性腺激素两种蛋白活检，因为在睾丸癌患者中这两种蛋白水平较高。

切除一个睾丸仍能维持男性激素充足并能继续生育。手术结合放疗治疗睾丸癌，康复较好。治疗效果取决于癌症的种类——精原细胞瘤、畸胎瘤、胚胎性瘤或是绒(毛)瘤以及癌症是否扩散至邻近的淋巴结或身体其他部位。

女性生殖系统

女性生殖系统包括：卵巢——排卵，产生雌激素和孕酮(黄体酮)；子宫——有强健肌肉壁，能保护和孕育胎儿；子宫颈——连接子宫和阴道。阴道是产道，以及精子进入女性身体的通道。输卵管运载着卵子，如果卵子与男性精子结合则可能导致怀孕。

女性外部生殖器包括与大阴唇相连的外阴。这在组织来源方面与阴囊相似，并包含汗腺和皮脂腺。小阴唇位于大阴唇内，围绕着阴道口和尿道口。小阴唇与阴蒂(一个很小的敏感的突出物)相连。

阴道的开口叫做阴道口。位于阴道口旁的巴多林腺为性交分泌润滑的液体。

内部生殖器包括阴道——除性交外，阴道壁很少被触及。阴道腔有7.6～10.2厘米(3～4英寸)长。子宫颈位于阴道顶端，连接阴道与子宫(见图20.2)。

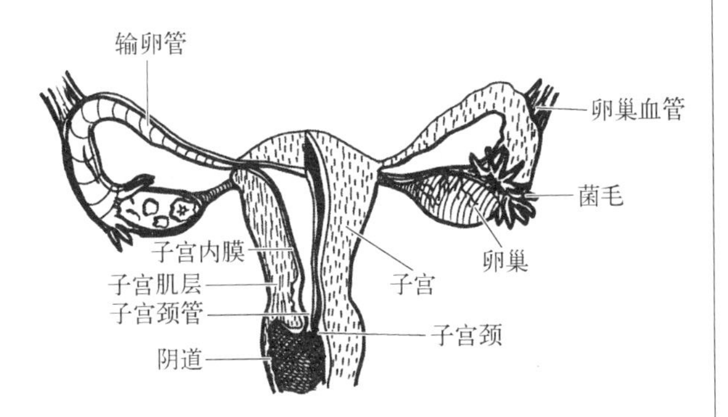

图20.2　女性生殖系统

子宫呈梨形，位于膀胱后、直肠前，通过6条韧带固定。通常来说，子宫颈可以形成抵御细菌的良好屏障。女性在非排卵期，宫颈黏液会很浓稠，精子不能穿过。浓度在周期内变化，以使精子在排卵期内通过，排卵期过后使月经排出。

输卵管从子宫上边缘向卵巢延伸0.61～0.91米(2～3英尺)。肌肉和纤毛推进卵子经输卵管从卵巢排出。如果卵子受精，那么受精卵将开始分裂。4天内，微小的胚胎不断分裂，缓慢地从输卵管进入子宫。当受精卵在子宫壁成功着陆后，着床过程便开始了。

月经和卵巢周期的激素控制

月经周期是指一个卵子成熟后，经过输卵管，进入子宫的一个周期。在此周期内，卵巢激素使子宫内膜增厚。如果卵子受精，那么它可以在内层着床。如果卵子没有受精，那么子宫内膜就会脱落。子宫内膜脱落的开始也就是月经周期的开始，通常为28天一个周期。

卵巢周期包括含卵子的卵泡的发育，卵泡的破裂，卵子的释放，以及**黄体**(一种分泌激素的组织)的形成和分解。

卵泡刺激素(FSH)和黄体生长素(LH)

下丘脑刺激脑垂体分泌卵泡刺激素(FSH)，而后分泌黄体生长素(LH)。FSH刺激卵泡(卵巢中卵子形成的组织)的形成。黄体生长素使卵泡破裂，排卵。

女性生而具有很多不成熟的卵细胞。当细胞第一次成熟分裂时，卵母细胞变形成一个成熟的卵子。

在卵巢周期中的卵泡期内，卵母细胞在卵泡内变成卵子。在它成熟的过程中，卵泡细胞释放雌激素，刺激子宫内膜生长新的组织和血管。这使子宫做好了迎接一个受精卵的准备。卵泡不断产生越来越多的雌激素，下丘脑刺激垂体分泌越来越多的LH和FSH。LH的增加刺激卵泡释放卵子，其过程被称作排卵。破裂的卵泡变成黄体素。这时卵巢周期进入了黄体期，从第十五天持续到周期结束。

黄体分泌大量的孕酮(黄体酮)和雌性激素，使脑垂体停止释放LH和FSH，也让子宫内膜进一步增厚。

卵子进入输卵管。如果卵子已经受精，它将花费1周的时间移至子宫，然后着床(子宫内膜)，导致怀孕。如果没有受精，黄体会分裂。孕酮(黄体酮)、雌激素和流向子宫内膜的血液将减少，导致月经。脱落的组织和未受精的卵子将被排出体外。

受精

如果想要受精成功，那么促性腺激素(一种垂体前叶释放的激素)的协调改变，卵子在卵巢中生长，女性性类固醇的分泌，和子宫的改变必须在恰当的时候同时发生。

- FSH 和 LH 由位于下丘脑的促性腺激素(GnRH)、卵巢激素和孕酮(黄体酮)控制。
- FSH 刺激卵泡的发育;LH 的激增会导致排卵,以及黄体的生成。
- 卵巢激素刺激子宫内膜的周期变化。
- 雌激素和孕酮(黄体酮)控制子宫内膜的变化。

女性生殖周期

周期开始于:

1. 子宫内膜出血和脱落
2. 雌激素和孕酮(黄体酮)的水平低

中期有:

1. 子宫内膜的增生
2. LH 和 FSH 分泌的增加,以及更多的雌激素

周期末期会出现:

1. LH 和 FSH 释放的抑制
2. 孕酮(黄体酮)的增加
3. 子宫内膜的分泌期

卵巢囊肿和癌症

生殖系统的癌症对女性来说是不断的威胁。因为卵巢癌在生长到颇具规模之前是几乎没有征兆的,所以尤其危险。大约每 70 位女性中就有 1 位会患上这种癌症,通常年龄在 50~70 岁之间。

卵巢有很多种细胞种类,所以卵巢癌至少有十种不同类型。卵巢癌细胞也有可能从血液直接扩散到周围地区,或骨盆和腹部的其他部位。

卵巢的扩大是癌症的一般症状,但这也可能是由于(卵巢)囊肿和其他原因。当卵巢癌继续扩散时,腹部可能会肿胀,女性可能会感到疼痛,并出现贫血和体重减轻的现象。

超声波、计算机 X 线轴向分层造影扫描图或用腹腔镜观察卵巢可以帮助诊断。手术是及时治疗的手段,接下来还需要进行放疗和化疗。如果癌症已经扩散至其他器官,那就很难治愈了。但是,如果发现及时,手术也成功,加上每个女性不同的免疫反应,那么患卵巢癌的存活率将大大提高。

子宫癌

癌症可能在女性生殖系统中的任一部分出现,可能是阴户、阴道、子宫颈、子宫、输卵管或是卵巢,而女性生殖系统中最常见的是在子宫内膜发现癌症。

通常子宫癌是在女性绝经之后出现,并且可能扩散,下至子宫颈,相反地,也有可能通过淋巴系统或者血流从输卵管上至卵巢。反常的出血是最常见的早期症状之一。每 3 个在绝经后出现出血的女性会患有此癌症,所以出现这一症状需及早就医。

化疗后,可能采取子宫、输卵管、卵巢以及邻近的淋巴结切除。如果癌症已经扩散,孕酮(黄体酮)可以防止其进一步恶化。

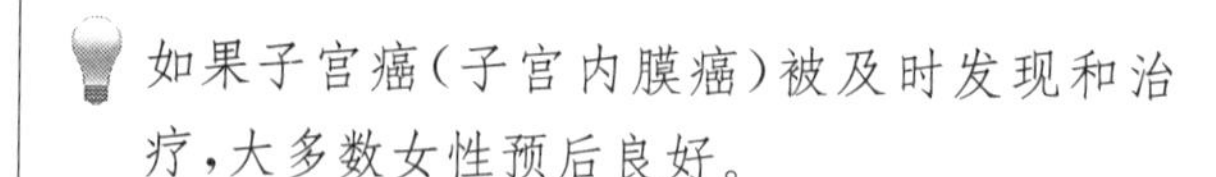
如果子宫癌(子宫内膜癌)被及时发现和治疗,大多数女性预后良好。

人类的发育

如果性交发生在女性排卵期,就可能成功受精。当女性排卵时,她的卵子会从卵巢中释放并进入输卵管,在输卵管中会停留最多 3 天。

性交后,充满精子的精液会游过阴道,通过子宫颈和卵巢,进入输卵管。要使受精成功,一个精子必须穿透卵子的外膜。精子核进入卵子的细胞质,同卵子的细胞核结合。这个新的细胞叫做**受精卵**(如图 20.3)。

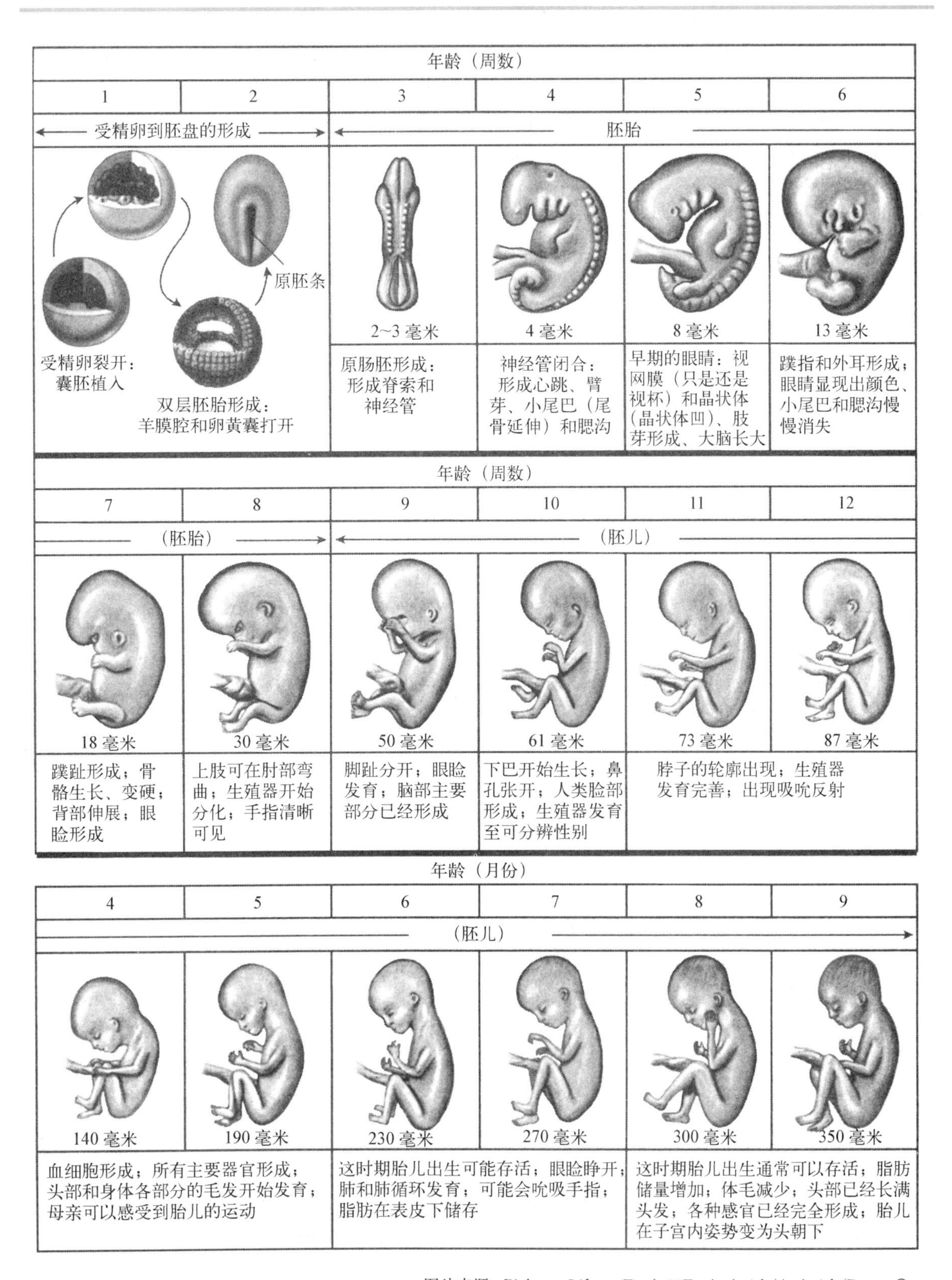

图片来源：Biology. Life on Earth 61E，Audesirk/Audesirk/Byers，©

图 20.3　人体胚胎发育图

精子在输卵管内存活不超过3天。

受精卵穿过输卵管并经过一系列被称作卵裂的有丝分裂。它不断地分裂，至第四天时发育成名为桑葚胚的实体球型细胞。经过继续分裂，最终发育成名为**胚囊**的空心球型细胞。

胚囊在子宫内膜着床，如果过程顺利，它会发展成一个由外胚层、中胚层、内胚层组成的**原肠胚**。外胚层将发育为神经系统、皮肤和汗腺；中胚层发育为生殖系统、肾脏、肌肉、骨骼、心脏、血液和血管；内胚层会发育为肺、肝、消化器道内层和一些内分泌腺。

在原肠胚形成(从胚囊转变为原肠胚)过程以及相关原生层的形成结束后，胚胎便已开始发育。胚胎有两个保护膜支持：**羊膜**和**绒毛膜**。羊膜围绕胚胎作为保护垫，而绒毛膜同母亲其他的子宫内膜细胞一起形成胎盘。这就使发育中的胎儿能与母亲交换营养、氧气和废物。胚胎与胎盘由脐带连接，脐带分布有连接胚胎的血管。

神经胚形成——神经管的出现促使中枢神经系统形成。

在第九周后，胚胎被称作胎儿。3个月时，胎儿就已经开始具有人体的诸多特征。身体系统已经呈现，肌肉在运动，神经系统也在进化，开始形成血细胞，这时胎儿约和一张贺卡一样重。

在14周时，胎儿的手、臂、腿和脚就已经达到了出生时的比例。在22周时，胎儿约有30厘米长，已经有了规律的睡眠习惯。在32周前，胎儿就已经完全成熟了。这时胎儿的骨骼已经变得坚硬，肺和心脏已经准备好迎接外界环境。在约9个月时，垂体激素催产素的激增预示着出生过程开始。子宫收缩越来越厉害，羊膜囊破裂，子宫颈变宽，使得婴儿可以从阴道通过。

小结

- 男性生殖系统包括：阴茎、阴囊和睾丸，内部包括：输精管、尿道、前列腺和精囊。睾丸产生睾丸酮激素，有助于男性第二性征，如面部毛发的出现。
- 精子细胞在睾丸里发育，在附睾里储存，最终从阴茎射出。
- 男性生殖系统的常见疾病包括前列腺癌，它是一种病变缓慢，危及男性中晚年健康的癌症。睾丸癌始于阴囊内出血肿块。睾丸癌可能十分疼痛，通常的治疗手段是切除睾丸。
- 女性生殖系统是由卵巢、子宫、阴道、尿道和子宫颈组成。外部生殖器包括阴户、大阴唇和小阴唇。
- 精液或其他细菌通常情况下不能通过子宫颈狭窄的通道，但当排卵期通道打开后，精液可以通过通道直至输卵管。从卵巢出发，卵子被排进输卵管。如果一个卵子与精子相遇，那么卵子就会受精，然后受精卵可能移至子宫，在子宫内膜着床，那么女性就会怀孕。
- 女性生殖系统的常见疾病可能包括卵巢癌或子宫癌。卵巢癌通常很难察觉，加上卵巢中有很多种细胞，卵巢癌也会种类繁多。对于卵巢癌，建议施行手术，随后放疗和化疗。
- 子宫癌通常在绝经后出现，并且很容易通过淋巴系统和血液扩散至子宫颈或卵巢。反常的出血是常见的早期症状之一。可以通过手术和化学疗法治疗。
- 当受精发生后，一个精子穿过卵子的外膜，形成受精卵。受精卵穿过输卵管并经过叫做卵裂的有丝分裂，变成囊胚着床子宫内膜。

- 首先形成原肠胚，随后形成神经胚。原肠胚形成也就是三个原胚层的形成，神经胚的形成是指中枢神经系统的发育。
- 胚胎开始发育，约 9 个月时，已经足以在外界存活。母亲会经历催产素——一种垂体激素的激增，这预示着生产的开始。子宫收缩越来越强烈，子宫颈变宽，随后婴儿头朝外从阴道娩出。

第二十一章 21 生态学

关键词

捕食；落叶植物；夏蛰；
分解；雨影；信息素

地球是一个充满极端事物的星球。但不管天气有多么炎热多么寒冷，多么湿润多么干燥，生命总能延续下去，甚至更加兴旺。地球是上百万生物的共同家园。生态学是一门研究生物圈及其组成要素的科学。它研究生物体之间以及生物体与环境之间的相互作用。这些相互作用决定了生物体的分布和多样性，包括生物体在哪里出现，有多少出现在那里，以及为什么会出现在那里。

生物圈

生物圈是指地球上凡是出现生命活动的地区。生物圈的组成要素包括：水圈、岩石圈和大气圈。

- **水圈** 是泛指地球上所有的水。水圈孕育着最多的生命，其中大多数生物体都生活在海岸线的浅水区。水圈包括海洋以及一些湖泊的咸水资源，也包括河流、小溪、湖泊、池塘的淡水资源。
- **岩石圈** 是形成地球坚硬表面及陆生环境的岩石地壳。大部分生物体都生存于岩石圈被光所照射的表面附近。
- **大气圈** 是主要由氮气(78%)和氧气(20%)组成的气体。二氧化碳在我们所呼吸的空气中仅占很小一部分。

由于赤道地区光照直射地球表面，所以赤道的温度更高、光照更多。而当向赤道的两边移动，使太阳照射在地球的曲面上，使得光照的路程更长。这导致了生物圈的范围不均。赤道南北分别有三个主要的大气环流区域，这是因为太阳辐射的分布不均，纬度上温度和光照强度的差异以及纵向气流(的共同作用)而造成的。

赤道附近上升的湿润空气释放水分，这就形成了雨林区。赤道南北 30°附近下沉的干燥空气吸收水分，这就是我们的大沙漠形成的区域。冷却信风由东至西地吹过热带和亚热带。盛行西风带从西向东地吹过温带地区。地球轴线永久的倾斜使地球围绕太阳旋转时，会出现温度的季节变化和光强度的变换(见图 21.1)。地球南北半球的季节是相反的。

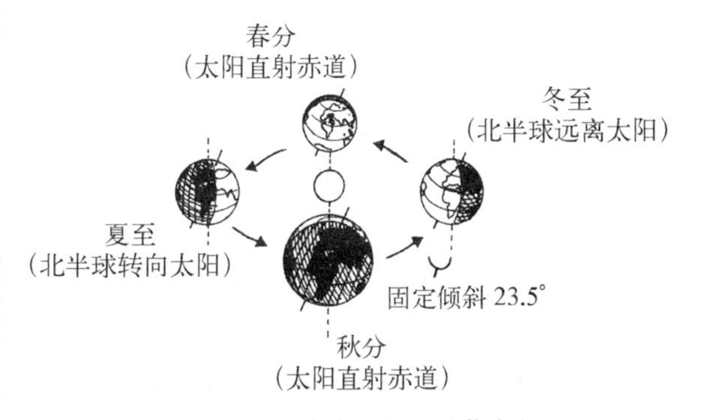

图 21.1 地球的倾斜和季节变化

生态系统

水生生态系统

海洋生物群落

绝大部分的地球表面都被海洋所覆盖。公海被叫做**远洋区**。远洋区有三个垂直分层：

- 光合作用带位于海洋上层，有阳光照射，是进行光合作用的区域。这一区域阳光充足，营养物丰富多样。大量浮游生物在这里生长，并为其他生物体提供能量和营养。
- 中层带没有足够的光照进行光合作用。大型鱼类和其他生物会上游至光合作用带进食，或下游至深海以动植物残骸为食。
- 深海带永远处于黑暗之中。这里没有靠光能生存的生物。但有一整群靠深海地热通风孔生存的生物，如管虫、海葵和海星，还有一些其他生物也都栖息在这永久黑暗的地区。

近海区在大陆或暗礁的边缘。海洋生物大都聚集于此。不计其数的光合生物都在这个光照和营养丰富的区域生存。营养从土地流向海洋，随后由海浪、潮汐和风分散开来。海水的上涌（水分的上升运动）为人们提供了富饶的渔场。

潮间带沿海岸线展开，可能是会形成潮池的多岩石区，也可能是形成泥沼池或平坦沙滩的非岩石地区。这一区域物理因素之间存在动态的相互影响，如温度和脱水的动态互动。捕食和竞争十分激烈。潮间带有四个独立的起点：浪溅区、高潮带、中潮间带和低潮间带。在最上层生存的生物体拥有的水量很少。当海洋在高潮时，这些生物体也随水流扩散出去。在低潮间带生存的生物大多数时间都生活在水淹环境中。

 地球上仅有不到1%的淡水。

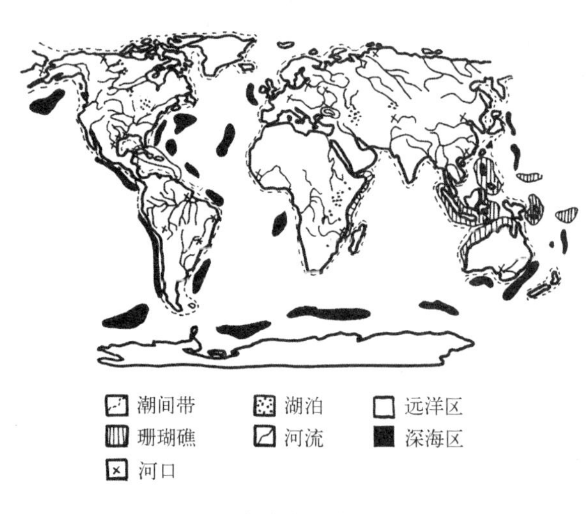

图 21.2 地球主要海洋生物群落

河流和溪水

河流和溪水的区别在于（水量的）大小。这些水体不断地变化，改变着土地的形态，形成了独特的栖息地。水流速度影响着（水土）侵蚀的速度，沉淀物的沉积，也影响着氧气、二氧化碳、营养物质的提供。底部的摩擦力和水流的边缘影响着水流经过的陆地的塑造和雕琢。

河口

河口是一个独特的环境。在这里，河流和溪水的淡水汇入海洋的咸水。这里混合着淡水和咸水。这里最主要的自然要素是盐分。河口是一个多产的区域。河流带来营养物质，潮汐带来残骸。由于潮汐的运动和海水河水缓慢的融合，营养物质因此滞留于此。

湖泊和池塘

湖泊和池塘也由大小所区分。它们是位于地壳上的静止水体。湖泊中有三个地带。沿岸带在水域边缘，这里的水很浅。湖沼带是湖泊宽阔的有光照的水域。而深底带是湖泊中最深最黑的区域。

陆地生物群系

这是一个生物群系以其生境条件和群落结构为特征的一大片区域。其中主要类型的植物体现着每一个生物群系的特点。

森林

森林覆盖着地球表面30%的面积。总共有三种森林类型：热带森林、落叶林和针叶林。

热带森林广布于赤道周围地带，占据着地球森林总面积的一半，主要位于美洲中南部、非洲、印度、亚洲和澳大利亚。热带雨林的特征表现为该区域有着温暖的温度，常年白昼时间长，以及充沛的降雨。

热带雨林拥有的生物种类多于其他所有生物群落的总和。

热带雨林的上层林冠为超过50米高的树木，下层植被为密集的高大树木。由于树木的密集性，几乎没有阳光可以到达森林所覆盖的地面。但只要是地面有阳光直射的地方，就会生长蕨类植物、灌木丛和苔藓。热带雨林的分解变质过程很快。死去的生物很快会被成群的细菌、真菌，以及线虫(线形动物)侵袭。因此营养物很快能被活体所利用。由于热带雨林的土地不会积聚营养，所以其土地并不肥沃。

落叶林主要由在暖期生长树叶的树木组成。热带落叶乔木在干旱期落叶，而在温带的落叶乔木在寒季落叶。上层林冠都是非常高大的树木，而下层树木的生长和再生周期与最大限度的日照和有利(生长)条件的周期相匹配。由于落叶林不如热带森林密集，所以阳光可以照射到地面。在干燥以及土壤含钙量少的地区，物种多样性较少。如果你往北纬旅行，气候会越来越寒冷，越往北行，物种越稀少。

寒冷的冬季会使落叶林转变为针叶林。针叶林(由松树、冷杉、云杉等组成)在寒冷气候和高海拔地区生长。这样的森林有着密集的下层树木。针叶林中的物种数量最少。下层植被有灌木丛、蕨类植物和苔藓植物。由于寒冷的温度(平均温度在零度以下的时间超过半年)，生长季节和生物活性时间很短，每年仅有约四个月的时间。森林的土地被松针覆盖，所以土壤为酸性，不肥沃。

在北纬地区，针叶林被称为针叶树林地带。这里融雪填满了湖泊。在很多针叶林中都有水样沼泽和湿地。

冻原

在林线地区，当树木越来越稀疏，以至渐渐在视野中消失，你就进入了最冷的冻原地带。冻原分为两类：高山冻原和北极冻原。高山冻原位于高海拔的山脉，而北极冻原位于高北纬地区。这两种地区的特点为生长如苔藓、青苔、草地、矮小灌木等低矮的植物。

冻原地区的气候非常残酷。一年中最温暖月份的最高气温才达到10℃左右。在冬季，到处都是厚厚的雪和冰冷的风。在夏季，一些寒冷的沼泽湖泊会融化。这里植物的生长期最多只有2～3个月。

在北极冻原地区，只有表面0.5米的土地会融化。剩下的土地是永久的冻土，使根系生长停止，限制其排水，削弱其分解。在整个北极冻原地区，仅有600种植被得以生存。

草原

草原生长在四季分明和季节性降水的地

区。草原上生长着密集的草和草本植物。由于降雨量由东至西减少，草地的高度也随之降低，我们可以观察到高草草原、混合草草原和短草草原。草原的土地很肥沃。这使得草原成为农业、放牧和发展城市理想的选择。

热带草原指的是长有分散或成群树木的草原。那里拥有季节性降水，中间由旱季隔断。当旱季来临，在地表上的茎是快速蔓延的火灾的燃料。大火通常不会影响树木，而剩下的热带草原会很快因为地下根茎的生长而得以复原。

灌木丛

木本灌木在灌木林生态区占绝大多数。灌木丛生长在有地中海气候的地方，有着炎热干旱的夏季和温和湿润的冬季。灌木通常有着小小坚韧的叶子，很少的气孔，以及厚厚的角质层。这样的构造使水蒸气蒸发延缓。这一地区动植物的活动仅限于春季，因为那时气候还很温暖，土地也由于冬季的降雨而湿润。

沙漠

沙漠占据着30%的地表。这一生物群系的特征表现为强烈的光照、猛烈的大风和极少的水分。由于全球气流在赤道南北30°地区形成下降的干燥空气，大片的沙漠出现于此。其他沙漠在高山地区的雨影区形成。

沙漠地区植被稀疏。生长在沙漠地区的植被已经适应了如何在残酷的条件下生存(如利用主根或多汁的叶子)。

> 一些动物也适应了在沙漠里生存。一些动物白天在地洞里睡觉，而另一些可能会睡过一年中最干旱的时节(夏蛰)。一些会流汗的动物也有自身内在的构造使自己凉快下来。

群落生态学——生物体之间的相互作用

直接或者间接地，共存的生物体间的相互作用构成了它们从属的群落。如下例所示：一种来自新几内亚的鸽子以水果为食。它们消化果实，排出种子。种子在哪里排出会影响着新的树木在哪里长出，而树木的分布又影响着热带雨林群落的组成。

竞争是一种两败俱伤的相互作用。如果共享的资源充足，那么各方都能够得到满足。但大多数资源都是有限的，所以有共同需求的物种之间就会增加竞争。当同一物种的成员争夺资源(种内竞争)时，竞争可能比不同种类之间的竞争(种间竞争)还要激烈。

在非直接竞争中，竞争者对资源都有平等享有的权力，但更迅猛的物种往往得到更多。比如，在加利福尼亚沙漠种植的防风林三春柳正在扼杀当地的豆科灌木和沙漠柳树。三春柳能更有效地汲取水源，所以比竞争对手长得更快。

生物之间的直接竞争体现为带有侵略性的动物行为(如土狼驱赶死去的动物身边的秃鹫)和动物领土权的争夺(雄性大角山羊保护自己的族群不受其他雄性大角山羊的攻击)。

胜利者占据一切资源。一个拥有选择优势(适应性)的物种能比其他物种更加成功。这样的适应性增加了物种生存的概率和物种的繁殖。黄花菜是一个很好的例子。它们有着茂密的根枝。几乎没有任何原生植物可以同黄花菜竞争，因为它们会很快在新的群落将原生物种排挤开。

> 在1957年，山羊被引入加拉巴哥群岛的阿宾顿岛。山羊以低矮的植被为食，致使当地的乌龟没有了食物供给。当研究人员于1962年回到此地对山羊进行监测时，当地的乌龟已经灭绝了！

那有没有什么可以代替竞争呢？有。如果竞争者可以利用同一资源的不同部分就可以。这叫**资源分配**。这种现象可能出现在不同动物栖息在同一棵树或者同一个池塘(**空间划分**)的时候，或者两种植物在不同时节生长(时间划分)。

激烈的竞争可能导致某一物种的一种或几种特征发生改变。比如两种不同种类的鸟，以同种且同一种大小的果实为食，而其中一种鸟类进化为可以以个头更大的果实为食的话，两者之间的竞争就会减弱。这就叫做**特征替换**。

如果相互作用会伤及一方而惠及另一方，这样的现象包括**捕食**和**寄生**。所有的生物都需要食物。**捕食**是指一种生物(捕食者)需要靠吃掉另一种生物(猎物)为生。捕食者可能是食草动物、食肉动物或杂食动物。共同进化发生在捕食者与其猎物之间。捕食者捕获猎物的技巧和猎物逃避捕食者的本领是水涨船高、相互促进的。

很多生物都拥有逃脱适应性。例如有时，猎物通过伪装逃避捕食者的侦查，使它们很难被(捕食者)发现。猎物可能通过隐蔽色，也就是同背景完全一致来逃生。比如，一些野兔在冬天是白色(在雪地里很难发现)，而在夏天则变成棕色。

除了颜色和形状的伪装，行为的变化同样可以成功地逃过捕食者。诸如负鼠之类的动物可以在面对捕食者时假死，保持静止不动。猫头鹰可以抖动自己的羽毛来吓唬捕食者。

一些蜥蜴可以通过分离自己的尾巴来逃脱捕食者的追捕。另一些猎物可能会比捕食者跑得更快来逃生。群体响应可以警告或者保护整个群体，也可以迷惑捕食者。

最具代表性的是兽群，它们会将较弱的同伴围绕在中间(以抵御捕食者的进攻)。

身体的物理防守可以保护很多猎物不受其捕食者的攻击。软体动物和海龟都有壳。豪猪身上有刚毛。很多植物都有尖尖的刺、小突起，或者刺毛，以此来防止捕食者的攻击。一些生物可能会味道难吃、有毒、带刺、气味难闻或者难以下咽。

一些味道难吃的飞蛾会发出喀喇音，所以吃它们的蝙蝠就会选择吃那些不叫的飞蛾！

一些生物会通过化学方式保护自己，比如喷射毒液，或者让捕食者感到疼痛或致命的叮咬。王蝶的幼虫以有毒的乳草属植物为食。毒液会在蝴蝶蜕变时扩散开，使王蝶有毒。小蜥蜴的化学异味会使捕食者敬而远之。

在**寄生状态**下，一种生物受到伤害，而另一种生物则从中获益。人类绦虫就是对这一现象很好的阐释。如果我们吃了没有煮熟的有绦虫寄生的猪肉或牛肉，那么绦虫就会进入我们的消化道。这种虫没有眼睛、消化道或者肌肉系统。它的外层使它不受人体胃酸的伤害。它长长的扁平的形体给了它最大的吸收面积，但又不会阻塞寄主的肠子(绦虫的壁龛)。绦虫的“头”叫做头节，它有小勾能使绦虫依附并停靠在人的肠壁上。这种寄生虫靠寄主滋养，寄主通常会存活，但可能会生病。

大杜鹃是群居寄生的例子。宿主鸟类会筑巢生蛋。大杜鹃就跑到那个鸟巢，毁掉宿主鸟类的蛋，将其换成自己的蛋。宿主鸟类会将这些蛋孵出来。杜鹃鸟蛋会先被孵出来，这些小鸟会把鸟巢里面所有的固体物都扔出鸟巢(包括宿主鸟类自己的蛋)。杜鹃鸟就这样以养父母所提供的食物为生！

在**共栖**的情况下，相互作用的生物体都同时获利，其相互作用对于两者的生存和繁殖都不可或缺。一些花朵通过特定的昆虫、鸟类或蝙蝠授粉就体现了这样的相互作用。白蚁和原生动物之间的关系也是互利的。生活在白蚁内脏中的原生动物消化着白蚁所食木材中的纤维素。白蚁获得了可利用的营养物，同时它也为原生动物提供了栖息地和食物供给。两者缺一不可。

生物在**共栖**的情况下，一方受益，而另一方不受其影响。自然界中这样的例子不少。我们知道有附着在座头鲸身上的藤壶。它们因此有了栖息地，也能随着座头鲸的迁徙而找到新的食物来源。在这一过程中，座头鲸没有受到任何影响。

两种不同的物种个体之间长期紧密的关系叫做**共生**。真菌和海藻之间的关系就具有很强的代表性。海藻的两侧都长有一层真菌丝。像青苔一样，海藻和真菌在不同的栖息地和条件下茁壮成长，有时两者缺一不可。在干燥的气候或在有机营养贫乏的地方，光合藻类通过光能从无机化合物中转化为有机化合物。这时，真菌丝会聚集起来保存仅有的水分。它们两者的结合在严峻寒冷的气候下更显得有益。当然，青苔作为食物链的一部分。在北极，青苔维持着包括驯鹿在内很多物种的生命。

蝙蝠实际上可以联系起两个生态系统，如湖泊和洞穴。当湖泊充满沉积物时，更多的植物会在此生长。由此也会出现更多的昆虫。蝙蝠会吃掉湖边的昆虫，然后回到洞穴排便。蝙蝠的粪便成为洞穴中真菌的食物。真菌又成为洞穴中甲虫和其他昆虫的营养来源。如此看来，蝙蝠就连接起了湖泊生态系统和洞穴生态系统。

种群生态学

一个群体是指占据在一定栖息地范围内同一物种的所有个体。它们依存同样的资源，受相似环境因素的影响，与同伴之间的交流方式也极其类似。对一个群体的人口统计资料或人口动态统计包括人口规模、人口密度、人口分布，以及年龄构成。

人口规模是指构成一个群体基因库的个体数量。人口增长是由于新婴儿的出生以及新的个体移居至某一地区。人口规模的减少是由于个体的死亡和迁出。

每一单位面积的个体数量构成了人口的密度。如何计算个体数量呢？在极少数情况下，你可以直接将某一个群体的个体一个一个数出来。人口普查就是这样的直接计数。但更多的时候，个体数量是通过抽样来进一步估计整体的人口规模。

自然界中有三种群体离散的模式：集群分布、均匀分布、随机分布。其中，**集群分布**最为常见。植物可能在土壤条件和其他因素适宜发芽和生长的地方成群生长。而如昆虫和火蜥蜴等动物则会在潮湿的树下聚集。动物的集结成群同社会行为也息息相关，如昆虫的云集、鸟类的成群而行以及鱼群的形成。

在**均匀分布**形态中，个体会更加均匀地分布着。例如，植物的规则分布是为避免被其他植物所遮蔽或者产生对水资源和矿物质的竞争。为此，一些植物将化学物分泌入土壤，以防止同种植物的其他个体发芽生长。橡树正是这样。均匀分布也可能由于社会互动造成，如鸟类选择在岛屿筑巢是因为每一只鸟都需要一定的空间。

个体年龄和性别影响着人口增长。人口生物学家通过绘图指出某一年龄和性别的个体数量如何决定一个种群的年龄性别结构。当一个种群中绝大部分个体都处于生育年龄或更年轻，那么它的年龄性别结构则呈现出

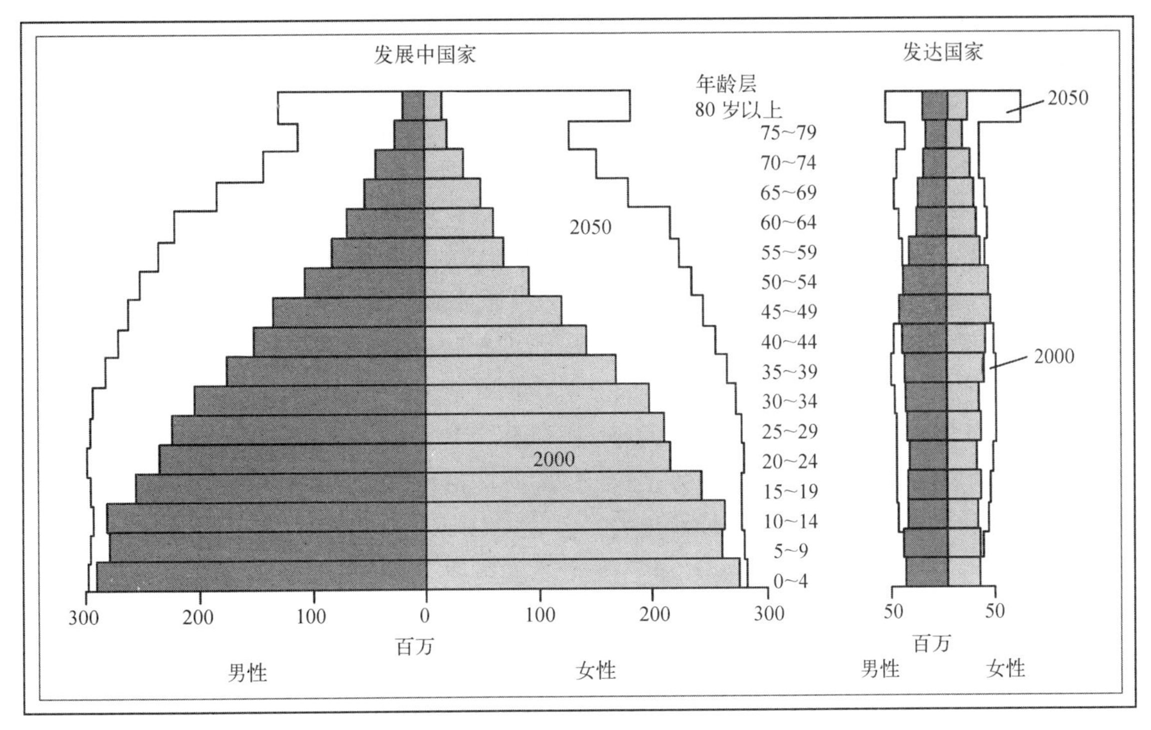

图 21.3 人口结构比较

根据发达国家和发展中国家 2000 年的人口结构预计到 2050 年的人口结构(来源:美国普查局,国际数据库)

金字塔形。发展中国家有着金字塔形的年龄性别结构,它们的人口也在急剧增加(见图 21.3)。

当可生育人口数量少于老龄人口时,人口增加将会减慢。

每一个体在理想条件下的最大增加率被称为**生物潜能**。每一个物种都有一个最大速率。没有比细菌生长得更快的物种了。对细菌来说,生物潜能为每 20 分钟 100%的生长。

如果细菌的理想增速可以保持 36 小时,那么细菌足以增加到能在整个地球形成一个 0.3 米(1 英尺)厚的细菌层。

没有哪一个自然生态系统会允许任何物种的生物潜能不断发展。没有一个生态系统有取之不尽的资源,同时,环境条件不会永远适宜于(生物体)无限制地生长。承载能力指的是某一指定环境可以无限期地维持某一种群生存的个体数量。通常种群在初期密度低,发展缓慢。某一时期生长速度会十分迅速,然后其规模会在达到承载能力后保持平稳状态。

哪些是种群增长的限制因素呢?限制因素之一是任一必要资源供应不足,就会限制种群的扩展。如果必要资源能够持续供应,这将是决定群体大小的主要因素。

环境对种群扩展的限制事实上是由一个或多个因素最终限制种群扩展造成的。这包括竞争、捕食、恶劣天气、疾病、有限的食物和(或)水、有限空间、土壤养分的耗尽,或者生物体本身有毒的副产品。

动物行为

动物行为学是研究动物行为的一门学科。基因很大程度上决定着动物能学会哪些行为,通常是一些在一开始就必须掌握的行为(如逃脱捕食者的能力)。行为是有适应性的,它能够帮助动物提高其生存和繁殖的可能性。

先天性行为主要由基因控制。这些行为通常有物种专一性,并且固定不变。比如一只火蜥蜴一开始就远离水域生长,当其他种群成员已经谙熟水性时,它同样可以在重新接触到水的时候,和其他兄弟姐妹第一次入水时一样自如地畅游水中。另外一个关于先天性行为的例子是信息素(pheromones)的释放,一种很多动物都会释放的化学信号。这些释放物会引起同类物种的其他成员发出警告、交尾、觅食等行为。

> 动物也可能"从实践中学习"。习惯化是学习过程中最简单的一种模式。正如把稻草人放在玉米地里一样。当地里第一次出现稻草人时,鸟儿们会被吓走。但只需很短的一段时间它们就会发现稻草人根本就不是威胁,它们甚至还会在稻草人上休息!

顿悟学习是动物在没有明显反复试验条件下,对突发情况的处理。这是否是动物对先前所学习到的经验的联想和结合呢?让我们看看下面这个例子。黑猩猩被关在笼子里。房顶挂着一串黑猩猩够不着的香蕉。而笼子的角落里放着几个空箱子。黑猩猩就会想出办法,将箱子堆叠起来,爬上箱子,够着香蕉并尽情享用。

动物们在**社会学习**中向同类学习。向其他动物学习是否会更有效率呢?猕猴通过观察其他猴类的行为学会害怕和躲避蛇。幼年的鹪鹩需要向成年鹪鹩学习保护领土的歌。人类中社会学习的例子数不胜数。

胚教或者印记发生在某一特定期限内,无需教授。这表现为小鸡会随时随地跟随母鸡的步伐行动。雏鸟会在出生后跟随它们所见到的第一个活动的东西,当然这通常都是它们的母亲。

动物之间的交流对于社交生活来说是十分必要的。动物们可能会使用视觉信号,如在白天和开阔的环境中,用颜色或亮度来进行短程的交流。声音的交流在白天和晚上都很有效,通常都是在视觉受限的时候使用(如在茂密的枝叶当中)。声音的交流在水中和在陆地上同样有效。很多群居动物都通过信息素的气味来交流。这些化学物质可以使动物们进行长距离的沟通交流,并且可以帮助它们标记领土。

群居动物成群地生活。群居生活有什么益处呢?一群动物可以一起发觉、迷惑和击退捕食者。很多动物会对捕食者采取围攻的行为。如一群小鸟可以一起战胜一只猫头鹰。群居生活对动物来说有没有什么损失呢?群居生活会使求偶、筑巢地点,和食物的竞争更加激烈,会更容易受到寄生虫和疾病的侵害,还会使捕食者或者猎物更容易察觉。在自然界中,通常每一种适应性都有利有弊。

小结

- 地球上所有的生命都在水圈、岩石圈和大气圈中生存着。海洋孕育着最多数量的生命。大多数海洋中的生命都生活在浅海岸水域。
- 陆地的各个生物群系都以该地区生长的最主要植物为特点而区分。高大的树木形成了落叶林生物群落。其他生物群系还包括热带草原和灌木丛。沙漠上生长的植被最为稀少。冻原地区生长着适应这种残酷条件的低矮植物。
- 生物体与不同种类的生物之间有着相互作用。不同生物体之间的竞争也有大有小。如果竞争过于激烈,一种物种可能会面临灭绝的威胁。捕食和寄生状态是两种会损害一方利益而使另一方受益的相互作用。

- 种群生态学是研究某一地区个体数量和密度的学科。物种的个体数量直接与可繁殖的个体数量相联系。个体密度则受环境条件的影响而不同。
- 动物行为可包括完全天生的行为和向其他生物学习而来的行为。学习的过程可以使动物从这些经验中受益。

第二十二章 22 生物学的未来

关键词
腹腔镜手术；　显微手术；
孪生；　软骨细胞

在19、20世纪之交，还没有输血或是器官移植，也没有抗生素。DNA的结构仍然是个谜。“一战”后，一场流行性感冒导致的死亡人数竟比战争造成的还多。20世纪50年代，在乔纳斯·索尔克(Jonas Salk)发明一种预防性疫苗之前，数千人因为小儿麻痹症而死去或是终身残疾。试想一下生物科学在过去一个世纪里经历了多么突飞猛进的变化。科学家们在21世纪时的实验室里发现了多少奇迹？科学又将在新世纪带领我们走向何方？

今天的生物学

20年前的医学在今天看来都显得原始和粗糙了。很多治疗手段都是“瞎猜或者乱蒙”，手术治疗也不可同今天的腹腔镜手术和显微手术同日而语。仅仅是十几年前，美国食品及药品管理局才首肯了第一批如赫赛汀(Herceptin，用于治疗乳腺癌)这样的基因工程药物。

进步的道德标准

不可否认，在20世纪前半叶，人体生物学方面有着令人震惊的发现和巨大的进步，而20世纪的后半叶则从小儿麻痹疫苗一路发展至人体基因组计划。人类破译了DNA遗传密码。科学家们已经从认识到DNA是如何为一个人提供指令，发展到蛋白质组学——一门研究基因为所有蛋白质合成指定遗传密码的学问。

20世纪后半叶的研究重心主要在核酸上，核酸是一种携带遗传或基因信息的复杂大分子。当DNA双螺旋结构被发现后，基因科学实现了飞速的发展。今天，我们同时面临着包含道德、政治、经济、医学相关问题的各种困境。人们有能力利用基因筛检来预防严重的先天缺陷是一回事，人们(利用这样的技术)根据眼睛的颜色或是智力高低来挑选小孩又是完全另外一回事。在科学家们衡量如何适时地运用基因治疗方法来治疗或者预防疾病时，在他们预言一个人的未来时，甚至在他们创造新生命时，处处都充满着争论。

接下来就是所有研究人员、内科医师和普通老百姓所面临的棘手问题了。例如，在打细菌战时，基因工程技术就是不道德的。那在什么情况下才可以利用基因工程技术？何时运用基因工程技术才是道德或者不道德的呢？由谁来决定呢？

医学取得了重大进展，而与此同时，它的能量也使整个人类对化学药品或是生物制剂产生了恐慌。随着我们对生物学知识的不断积累，我们制造大规模杀伤性武器的能力也有所提高。在越南战争中使用的落叶剂和海湾战争中使用的其他化学药品已经为我们的未来种下了隐患。吸入的喷雾可能传播生物因子，它们同样可以用于污染食物和水。一些化学药品是挥发性的，会迅速从云层中挥发。另外一些可能直接对皮肤、肺、眼睛，或是呼吸道产生影响。在2001年末和2002年初的恐怖主义威胁和炭疽热确诊病例带来了更加广泛的恐慌和焦虑，人们愈发担心恐怖主义者可能会通过天花、瘟疫，或其他化学药品和生物制剂发动恐怖主义袭击。

尽管世界上围绕遗传学和细菌战的伦理讨论仍在继续，但不可否认的是，现代医学无论在预防和治疗疾病方面，还是在手术治疗、新兴技术和药物治疗上都取得了巨大的进步。

克隆

现代生物学中一个十分吸引人的议题就是克隆。多利(Dolly)是第一只在1997年于苏格兰罗斯林研究中心(the Roslin Institute)被创造出来的克隆羊。它是靠转移一只成年绵羊的乳腺细胞的遗传物质到另一个卵核，取代其本有的遗传物质所创造的(如图22.1)。所以多利仅有单亲DNA。克隆也可以指复制基因和其他染色体，以产出足够的材料供来进行研究，还可以指卵子受精后发育中的胚胎分裂，称为卵裂或孪生。

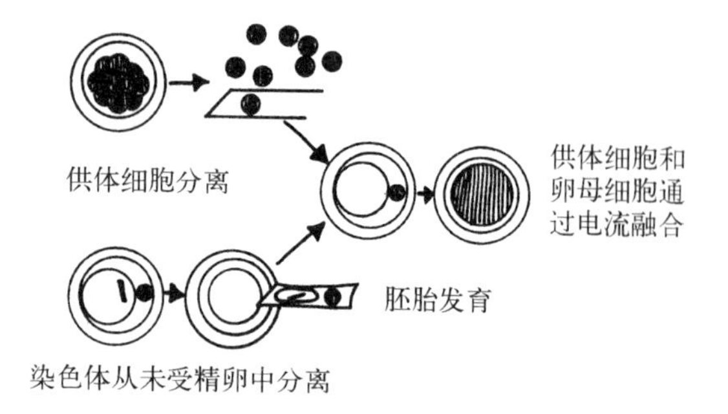

图22.1 克隆过程

多利是最早的克隆动物，在它之后还有很多小动物的克隆，这也引发了人们对于克隆伦理的激烈争论。尽管如此，克隆技术为科学家们带来了前所未有的研究转基因动物的机会以及进行可预测结果的繁殖的机会。研究人员也在探索克隆的衍生物用于治疗人类疾病方面的益处，同时也在考虑培育有转基因器官的动物来满足人类的器官移植需要。

多利由于患有严重的肺病和关节炎，于2003年接受了安乐死，寿命比正常绵羊短约四年左右。关于克隆，人们仍然不明确那些本具有细胞核的细胞中基因的改变会对克隆动物的健康造成什么样的影响。

新发展

在过去的一个世纪中，应对流感、天花、小儿麻痹症、麻疹、流行性腮腺炎的各种疫苗已经使我们的生活有所改观。今天，新型疫苗可以帮助我们身体的免疫系统抗击癌症，并继续为身体提供长时间的保护。

研究表明，经修饰的树突状细胞，特别是来自前列腺特异性抗原(PSA)和癌胚抗原(CEA)的蛋白质中的树突状细胞，能够激活免疫系统。现在人们能够利用一个肿瘤的基因核糖核酸(RNA)来识别更多的癌细胞，这比运用单抗原疫苗来识别癌细胞更加行之有效。照目前来看，基于RNA的疫苗或许能使患者不需要手术和放化疗即能痊愈。

基因工程药物的研究在未来是很有希望的。人们已经在研制治疗疟疾、肺结核，以及艾滋病等疾病的药物，这将有可能拯救成千上万人的性命。问题的关键在于，这样的药物应该以一种低成本-高效率的方式进行开发，所以在贫穷国家的人民也能够使用这样的药物。

基因工程

随着人们对遗传学的认识逐渐加深，多种多样的基因遗传咨询成为可能。这包括对于某种病症的准确诊断，帮助人们了解某种疾病在家族中再次发生的风险，以及帮助人们在生育问题上作出正确的决定等。难以置信的是，遗传学研究让我们能够选择孩子的性别和其他特征。不过，尽管我们可以选择或是替换那些可能致病的基因，这样的抉择通常十分昂贵，或根本不现实。遗传咨询更多的是让大家明确自己的风险在哪儿，以便做出正确的决定。

现在大约 2 000 种基因已被识别出来，而由于遗传缺损所导致的疾病约有 5 000 种。

遗传咨询对于产科学领域来说可能尤为重要。到目前为止，唐氏综合征(先天愚型)和亨丁顿舞蹈病尚无治疗方法，但是遗传咨询却能提醒一个家庭这种可能性的存在。通过 DNA 分析、X 线检查、超声波、尿液分析、皮肤活体组织检查，与物理性能评估所得出的一个家庭完整的病史，可以帮助那些有着复杂家族史的人或准父母们做出明智的决定。

种植

在 20 世纪 70 年代，用金属植入，也就是利用新型的金属和结构植入的方法来进行关节置换成为当时矫形术的首选。从那时起，整形研究人员和内科医师就发现，可通过刺激骨髓的形成来修复组织。在自体软骨细胞种植术中，外科医生会先取得健康的膝盖软骨切片的活体组织。这些健康细胞将用于培养出约1 200万个新细胞。大约 1 个月后，外科医生会移除受损组织，植入培养细胞，利用小腿的组织来缝合手术部位。那些培养细胞会繁殖，同周围的软骨结合，产生新的透明软骨。

有研究表明，自体软骨细胞种植术的成功概率很大，85%的患者治疗效果良好或极佳，尽管许多患者术前情况很糟糕，如患病晚期或骨头退化。

高分辨率成像

现代医学所取得的另一项突破性进展就是高分辨率成像技术。比如，肺部的高分辨率计算机体层 X 线摄影术(HRCT)比传统的胸片和临床研究都先进许多。HRCT 运用狭窄的 X 射线光束和“高空间频率计算法重建”来获取肺部、血管、气区和气道的高清晰图像。高分辨率成像可以使不同种类的肺病得到最正确的诊断，帮助医生决定最佳治疗方案。

人工智能

人工智能的研究可能让人更难以想象。如果智力是指为达成目标所需的计算方面的能力，那么就有可能研制出智能计算机。研究人员的最终目标是要创造出拥有与人类同等智力的机器，不过，由于他们欠缺的不是什么复杂的程序，而是一些根本性的新点子，因此何时能实现这一目标就很难说了。如果能让非生物机器拥有智力，这恐怕与克隆同样引人注意。也许是这些进步发展的速度太快，才会使普通老百姓敬畏不已。

生物学的未来

我们很难想象未来的生物学是什么样子。现在动物已经可以被克隆了，那将来呢？如果基因工程药物和癌症疫苗可以帮助人们消除世界上最严重的疾病，如果人类的关节和器官可以移植并且更加容易得以替换，那么，人的寿命又会有多长呢？

生殖基因工程，通过替换有缺陷的基因来修复个体的基因组，可以赋予人类巨大的力量；同时，它也让我们能防治疑难杂症。我们将有能力改变自己及家族的命运，治愈那些以往被视作不治之症的疾病。但同时，基因工程也必将带来新的谜团，会引起新的恐慌，将我们引向现在还看不清楚的方向上去。

人类基因组计划从 1990 年开始，到 2000 年结束。1993 年人们成功克隆胚胎。1997 年克隆羊多利出生，2002 年又出现了一只克隆家猫。2003 年我们庆祝 DNA 双螺旋结构发现 50 周年。让我们试想一下，未来 10 年、20 年或 30 年将发生些什么，这些发现又会对我们的生活带来什么样的影响。

附录一 1

遗传密码

第一位碱基（5′端）	第二位碱基 U		第二位碱基 C		第二位碱基 A		第二位碱基 G		第三位碱基（3′端）
U	UUU	Phe（苯丙氨酸）	UCU	Ser（丝氨酸）	UAU	Tyr（络氨酸）	UGU	Cys（半胱氨酸）	U
U	UUC		UCC		UAC		UGC		C
U	UUA	Leu（亮氨酸）	UCA		UAA	Stop（终止）	UGA	Stop（终止）	A
U	UUG		UCG		UAG		UGG	Trp（色氨酸）	G
C	CUU	Leu（亮氨酸）	CCU	Pro（脯氨酸）	CAU	His（组氨酸）	CGU	Arg（精氨酸）	U
C	CUC		CCC		CAC		CGC		C
C	CUA		CCA		CAA	Gln（谷氨酰胺）	CGA		A
C	CUG	C	CG		CAG		CGG		G
A	AUU	Ile（异亮氨酸）	ACU	Thr（苏氨酸）	AAU	Asn（天冬酰胺）	AGU	Ser（丝氨酸）	U
A	AUC		ACC		AAC		AGC		C
A	AUA		ACA		AAA	Lys（赖氨酸）	AGA	Arg（精氨酸）	A
A	AUG	Met or Start（甲硫氨酸或起始）	ACG		AAG		AGG		G
G	GUU	Val（缬氨酸）	GCU	Ala（丙氨酸）	GAU	Asp（天冬氨酸）	GGU	Gly（甘氨酸）	U
G	GUC		GCC		GAC		GGC		C
G	GUA		GCA		GAA	Glu（谷氨酸）	GGA		A
G	GUG		GCG		GAG		GGG		G

附录二 2

化学元素周期表

周期	族	21	3	4	5	6	7	8	9	10	11	12	13	14	15	16	17	13
1	1 H 氢 1.008																	2 He 氦 4.003
2	3 Li 锂 6.941	4 Be 铍 9.012								原子序号 元素符号 元素名称 原子量			5 B 硼 10.811	6 C 碳 12.010	7 N 氮 14.007	8 O 氧 15.999	9 F 氟 18.998	10 Ne 氖 20.178
3	11 Na 钠 22.990	12 Mg 镁 24.3050											13 Al 铝 26.982	14 Si 硅 28.0855	15 P 磷 30.974	16 S 硫 32.066	17 Cl 氯 35.453	18 Ar 氩 39.948
4	19 K 钾 39.098	20 Ca 钙 40.078	21 Sc 钪 44.9559	22 Ti 钛 47.867	23 V 钒 50.942	24 Cr 铬 51.9961	25 Mn 锰 54.938	26 Fe 铁 55.845	27 Co 钴 58.933	28 Ni 镍 58.6934	29 Cu 铜 63.546	30 Zn 锌 65.39	31 Ga 镓 69.723	32 Ge 锗 72	33 As 砷 74.922	34 Se 硒 78.96	35 Br 溴 79.904	36 Kr 氪 83.80
5	37 Rb 铷 85.468	38 Sr 锶 87.62	39 Y 钇 88.906	40 Zr 锆 91.224	41 Nb 铌 92.906	42 Mo 钼 95.94	43 Tc 锝 [98]	44 Ru 钌 101.07	45 Rh 铑 102.906	46 Pd 钯 106.42	47 Ag 银 107.868	48 Cd 镉 112.411	49 In 铟 114.818	50 Sn 锡 118.710	51 Sb 锑 121.760	52 Te 碲 127.60	53 I 碘 126.904	54 Xe 氙 131.29
6	55 Cs 铯 132.906	56 Ba 钡 137.327	57-71 La-Lu 镧系	72 Hf 铪 178.49	73 Ta 钽 180.948	74 W 钨 183.84	75 Re 铼 186.207	76 Os 锇 190.23	77 Ir 铱 192.217	78 Pt 铂 195.078	79 Au 金 196.967	80 Hg 汞 200.59	81 Tl 铊 204.383	82 Pb 铅 207.2	83 Bi 铋 208.980	84 Po 钋 [209]	85 At 砹 [210]	86 Rn 氡 [222]
7	87 Fr 钫 [223]	88 Ra 镭 [226]	89-103 Ac-Lr 锕系	104 Rf 𬬻 [261]	105 Db 𬭊 [262]	106 Sg 𬭳 [263]	107 Bh 𬭛 [262]	108 Hs 𬭶 [265]	109 Mt 鿏 [266]	110 Ds 𫟼 [269]	111 Uuu 轮 [272]	112 Uub 鿔 [277]	113 Uut [Undiscovered]	114 Uuq [285]	115 Uup [Undiscovered]	116 Uuh [289]	117 Uus [Undiscovered]	118 Uuo [293]

镧系 57-71	57 La 镧 138.906	58 Ce 铈 140.116	59 Pr 镨 140.908	60 Nd 钕 144.24	61 Pm 钷 [145]	62 Sm 钐 150.36	63 Eu 铕 151.964	64 Gd 钆 157.25	65 Tb 铽 158.926	66 Dy 镝 162.50	67 Ho 钬 164.930	68 Er 铒 167.26	69 Tm 铥 168.934	70 Yb 镱 173.04	71 Lu 镥 174.967
锕系 89-103	89 Ac 锕 [227]	90 Th 钍 232.038	91 Pa 镤 231.036	92 U 铀 238.029	93 Np 镎 [237]	94 Pu 钚 [244]	95 Am 镅 [243]	96 Cm 锔 [247]	97 Bk 锫 [247]	98 Cf 锎 [251]	99 Es 锿 [252]	100 Fm 镄 [257]	101 Md 钔 [258]	102 No 锘 [259]	103 Lr 铹 [262]

词　汇　表

胞吐分泌(exocytosis)
通过该过程,物质由小囊包裹穿过质膜离开细胞,随后分泌到细胞外

胞吞作用(endocytosis)
通过该过程,物质不用穿过细胞膜就能进入细胞。细胞膜凹陷将物质包裹,逐渐成囊泡并且箍断,形成细胞内的独立小泡

胞质分裂(cytokinesis)
细胞分裂中细胞质变化

变异(mutation)
DNA 复制过程中出现错误,基因顺序改变,创造出可以列入基因库的新等位基因

表现型(phenotype)
基因型的可见信息

丙酮酸(pyruvate)
一种产生于糖酵解过程中的有机酸,在克雷布循环中至关重要

病原体(pathogen)
引起疾病的细菌、病毒、真菌和寄生虫

薄膜(membrane)
用于遮盖、衬布或连接结构的一层组织

捕食(predation)
动物猎取其他动物为食的行为

纯合子(homozygous)
一个基因座相同的等位基因

催化剂(catalyst)
加速化学反应的一种物质,在此过程中不会用尽也不会永久改变

单倍体(haploid)
指具备单套不成对的染色体的生殖细胞

蛋白质(protein)
由多条长序列的氨基酸链组成的大分子

等位基因(allele)
基因的一种形式,即,在一个基因里,通常在同源染色体的相关一样位置有两个等位基因

窦(sinus)
骨骼或其他组织囊状腔内的孔洞

二倍染色体(diploid)
指这样一个细胞,它含有两套染色体,一套来自父本,另一套来自母本

二分裂(binary fission)
简单的细胞分裂,新形成的细胞相似并大小相当

肥大细胞(mast cell)
是一种结缔组织细胞,帮助将白细胞运送到感染位置,分泌组胺,在变态反应中起重要作用

分解(decomposition)
物质经过化学分解变为更简单的状态

分解代谢(catabolic)
将大的化合物分解成小化合物的过程

辅酶(coenzyme)
加速酶进程的物质

腐生生物(saprotroph)
从死去的生物体中获取养料的生物

干扰素(interferon)
一类由被病毒感染的细胞生成的糖蛋白,可以和邻近细胞交流并干扰病毒翻译

甘油(glycerol)
一种味甜、油状的三价醇

固醇(sterol)
一种类固醇基脂

(人体中或植物中液体等经过的)管(duct)
一种管状结构,通过它分泌或排出物质

灌注(perfusion)
液体(如血液)每组织单位流量

过敏原(allergen)
引起免疫反应的一种抗原

合成代谢(anabolic)
从较简单的化合物形成复杂化合物的过程

核酸(nucleic acid)
所有细胞和病毒中的大分子家族

核糖核酸(ribonucleic acid)
细胞中对蛋白质合成起重要作用的大分子。通常

被称为“RNA”

黑色素(melanin)

衍生自酪氨酸的造成皮肤、头发和眼睛色素沉淀的高分子

恒温动物(endotherm)

体温由内部调节的动物

呼吸作用(respiration)

细胞中将食物分子转化为能量的化学反应

化合物(compound)

由两个或以上的元素形成的物质

化学键(chemical bonds)

将原子汇聚在一起的相互吸引的力量

环境(environment)

生物体赖以存在的物理的、化学的以及生物的外部条件

黄体素(corpus luteum)

卵巢排出的卵泡中形成的组织

肌动蛋白(actin)

在肌肉纤维中起收缩作用的蛋白质

肌节(sarcomere)

由肌原纤维两层膜之间的Z带所分割出的横纹肌功能单位

基因型(genotype)

某种生物的基因组成

基因组/染色体组(genome)

从一个亲本获得的一套完整的染色体

基因座(locus)

染色体上的基因位置

间质(interstitial)

细胞外的空间

角化细胞(keratinocyte)

产生角蛋白的细胞，角蛋白可以组成头发、指甲和角

近身体中心的/近端的(proximal)

离中心最近的，趋近起点的

巨噬细胞(macrophage)

由单核细胞发育而来的噬菌白细胞

聚合酶(polymerase)

一切能催化聚合物分子(如核苷酸乃至多聚单核苷酸)增长的酶

抗凝剂(anticoagulant)

防止血液凝块的物质

抗原(antigen)

引起免疫反应的一种物质(多为蛋白质)

扩散(diffusion)

由于分子的随机运动，分子在某种物质内均匀分布

括约肌(sphincter)

管道口或孔洞周围通过收缩作用关闭孔洞的一圈肌肉

类固醇(steroid)

一大类特殊的四环脂质的总称

冷血动物(ectotherm)

体温受到外部调节的动物

磷酸化(phosphorylation)

将磷酸盐加入有机化合物的过程

磷脂(phospholipid)

含磷酸的脂类，是细胞膜的基本成分

孪生(twinning)

由分裂产生相似结构的过程

酶(enzyme)

一种蛋白质催化剂，能引起其他物质的化学变化，但自身不会在该过程中改变

媒介物(vector)

携带传染源并使脊椎动物感染的生物体，通常是蚊子、苍蝇或蜱虫

每年落叶的(deciduous)

用于描述每个生长季结束时都会落叶的植物

密码子(codon)

DNA和RNA上的3个连续核苷酸，从基因上为特定氨基酸指定遗传密码

末梢的(distal)

位于远离身体中心的部位

母体(matrix)

颗粒和结构所嵌入的周边环境物质

木质部(xylem)

维管植物内由根部向上运输水分同时为植物提供养料的组织

囊(follicle)

呈球形聚集的细胞，通常形成一个腔以支撑细胞或其他结构

囊胚(blastocyst)

哺乳动物胚胎发展的囊胚泡阶段形成的中空球体

内镜检查(laparoscopy)

利用腹腔镜对内腔的检查，例如腹部

黏液(mucous)

由杯状细胞分泌的物质，用于润滑薄膜并困住外来细菌

配子(gamete)
生殖细胞
皮下的(subcutaneous)
皮肤之下
皮脂(sebum)
真皮中皮脂腺的分泌物
前列腺素(prostaglandin)
从必需脂肪酸中衍生而来的一类化合物,广泛存在于各种组织,作用多样,包括收缩和舒张血管,以及刺激支气管和肠道内的平滑肌
染色单体(chromatid)
染色体在有丝分裂和减数分裂的过程中形成的两条线状物。每一个染色单体形成子代染色体
染色体(chromosome)
细胞核中遗传基因的载体,并且能在细胞分裂中复制
韧皮部(phloem)
维管植物中向茎和根输送水分与养料的组织
溶质(solute)
溶液中被溶解的物质
(肠壁等)蠕动(peristalsis)
管状结构(如肠)持续交替的收缩与舒张
乳糜管(lacteal)
将乳糜从肠中运出的淋巴管,并将其运送到淋巴系统
闰板(intercalated disk)
联系两个邻近细胞的特殊物质
筛骨的(ethmoidal)
与鼻腔中具有薄骨壁的空泡小孔细胞相关的
上皮(epithelium)
一种覆盖身体外表、内腔壁以及腺体的细胞层
神经递质(neurotransmitter)
神经细胞或腺体分泌的信号分子,可以刺激其他细胞
神经节(ganglia)
多个神经细胞形成的集合,通常位于外周神经系统
生理学(physiology)
研究活机体正常生命活动规律而非其解剖结构或生化组成的学科
生态位(niche)
生态学中,一个物种在群体中占据的位置
生物多样性(biodiversity)
特定环境里存在多种生物体
生物体(organism)
任何活的个体
生物学(biology)
研究生物体和生命过程的学科
生殖菌丝(hyphae)
真菌的丝状物,可形成松散网状或紧密织块
(反刍)食团(bolus)
可以被吞下的咀嚼好的食团
嗜碱性粒细胞(basophil)
噬菌的白细胞
适应(adaptation)
允许生物体在新环境下存活的有益变化
受精卵(zygote)
精子与卵子结合后形成的细胞
髓鞘(myelin sheath)
脊椎动物神经细胞轴突外包裹的隔绝性外膜
肽(peptide)
由肽键连接的两个或多个氨基酸的化合物
肽多糖(pepdidoglycan)
含有氨基酸的化合物,可以加强细菌的细胞壁
碳水化合物(carbohydrate)
包含碳、氢和氧的有机化合物,如单糖、淀粉、糖原和纤维素
同源的(homologous)
指具有相同组织结构的染色体
突触(synapse)
一个神经元轴突与另一个神经元树突前段之间的连接部分。神经冲动由神经介质经此部分传递
吞噬细胞(phagocyte)
吞噬病原体及其他细胞的白细胞
脱氧核糖核酸(deoxyribonucleic acid)
细胞内的遗传物质,也称为 DNA
外分泌(腺)的(exocrine)
指某种腺体通过管道将物质分泌到体腔或者体表
微纤丝(microfilaments)
细胞骨架最细的纤丝
伪装(camouflage)
动物使自己看起来和周围环境融为一体的能力
物质(matter)
组成宇宙的一切
细胞(cell)
生物体能够单独运作的最小单位
细胞分裂素(kinin)
血液中形成的多肽信号分子,可影响平滑肌的收缩
细胞激素(cytokine)
某种白细胞分泌的蛋白质,可以帮助调控免疫反

应并作为细胞间交流的信号，例如干扰素和白介素

细胞器(organelle)
细胞中具有某些功能的特定结构，例如内质网

细胞质(cytoplasm)
该物质位于细胞内，包括凝胶状的液体以及细胞器，不包括细胞核

夏蛰(aestivation)
动物的一种休止状态。其间，诸如呼吸之类的身体功能运行缓慢

纤维组织(fibroblast)
母细胞在结缔组织中纺锤状的细胞

显微手术(microsurgery)
在手术显微镜下进行的外科手术

显性(dominant)
在遗传学中，该术语用于描述当存在一对等位基因时，表达出性状的那个基因

小泡(vesicle)
内含液体物质的小囊

心包膜(pericardium)
围绕并包住心脏的膜

新陈代谢率(metabolic rate)
用于计量动物在一段特定时间内消耗的能量

信息素(pheromone)
同种间，个体所释放的一种能被同种生物感知并影响其社会或繁殖行为的化学物质

血红蛋白(hemoglobin)
成熟红细胞中将氧气从肺部运输到组织中的蛋白质物质

衣壳(capsid)
对病毒起保护作用的蛋白质外衣

衣壳粒(capsomere)
病毒白质外衣的一部分

异养的(heterotrophic)
指不同的种类或形态【译者注：原文错误。实际指不能直接把无机物合成有机物，必须摄取现成的有机物来维持生活的营养方式】

有机的(organic)
与碳水化合物而非氧化物和碳酸盐有关

雨影(rain shadow)
处于高山背风面的干燥区域

元素(element)
由一种原子构成的物质

原肠胚形成(gastrulation)
囊胚形成原肠胚的变化过程

原质团(plasmodium)
由膜包裹的多核原生质集合

原子(atom)
最小的元素形式

杂合性(heterozygous)
同一遗传位点上的等位基因不同

支气管炎(bronchitis)
支气管黏膜的炎症

脂质(lipid)
不溶于水但溶于有机溶剂的化合物。主要有：复合脂质或脂肪酸(如甘油酯和磷脂质)和单纯脂质(如松烯和类固醇)

子宫内膜(endometrium)
组成子宫内层的黏膜

自主(神经)的(autonomic)
神经系统的一部分，调节平滑肌、心肌和腺细胞的运动

纵隔膜(mediastinum)
胸腔中部的分隔膜

阻凝蛋白(myosin)
肌肉纤维中起收缩作用的蛋白质，形成肌肉中的粗肌丝

组胺(histamine)
一种血管扩张剂，通常在变态(过敏)反应中释放出来，使支气管平滑肌收缩、增加胃液分泌，甚至会引起血压迅速下降

组织(tissue)
由相似细胞组成并具有特定功能的结构，例如肌肉组织

组织蛋白(histone)
包含大量碱性氨基酸的水溶性蛋白质